非線形カルマンフィルタ

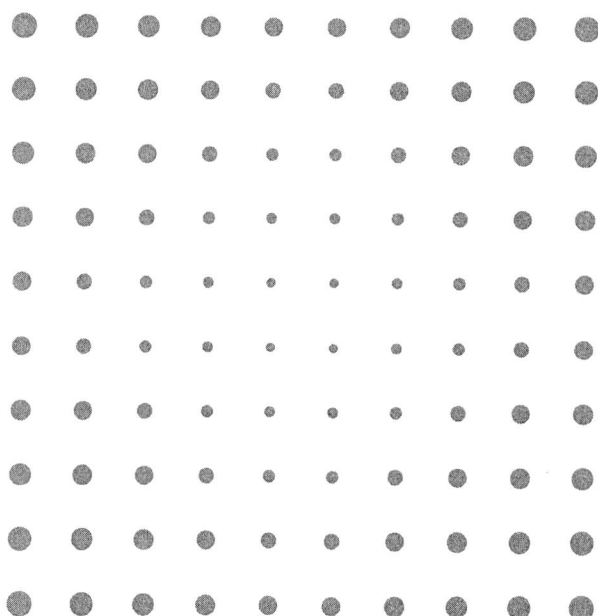

片山　徹 著　　　　　　朝倉書店

まえがき

　本書は，拙著『応用カルマンフィルタ』の続編であり，ベイズ推定およびカルマンフィルタを復習した上で各種非線形フィルタの理論とアルゴリズムについて解説する．最近の非線形フィルタはいくつかの異なる分野で考案されたという経緯もあり，様々な記号が用いられているため，システム制御の分野で仕事をしてきた著者は戸惑いを覚えることも少なくない．本書では，従来からの伝統的な記号にできるだけ統一して記述することによって，各種非線形フィルタの類似点や相違点が容易に理解できるようにする．

　カルマンフィルタは Kalman/Bucy によって 1960/61 年に発表され，人工衛星やロケットの軌道推定に用いられた．その後，ロボット制御を含む各種制御システムの状態推定，経済時系列の予測・推定，機械振動系の推定，土木工学分野，また最近では認知・情報科学分野，気象・海洋，GPS，移動体通信など広範な対象の推定問題に応用されている．

　カルマンフィルタは雑音に乱された観測値に基づいて，ガウス白色雑音を受ける線形システムの状態ベクトルの最小 2 乗推定値を逐次的に算出するアルゴリズムであり，線形システムの状態推定において大きな成功を収めた．しかし，システムの線形性あるいは雑音のガウス性のどちらかが損なわれると，事後確率分布は非ガウス性となり，カルマンフィルタの性能は低下する．このようなフィルタ性能の低下を改善するにはどうしても非線形フィルタが必要となる．

　実際，カルマンフィルタが発表された直後からカルマンフィルタを衛星の軌道推定など，非線形システムの状態およびパラメータ推定問題に応用する研究が始まっている．非線形システムに対するフィルタリング問題は，カルマンフィルタで扱われた LQG（線形，2 乗誤差規範，ガウス性雑音）問題よりも格段に

難しく，最適解を求めることはほとんど不可能である．このため，従来から非常に多くの近似手法が提案されてきた．

近似手法の一つは，非線形システムを推定値の近傍で線形化して，線形化されたシステムに対してカルマンフィルタのアルゴリズムを直接適用するという方法であり，拡張カルマンフィルタ（Extended Kalman Filter, EKF）と呼ばれている．また観測データに基づく状態ベクトルの非ガウス事後確率密度関数を複数のガウス分布で近似するガウス和近似（Gaussian sum approximation）法が1970年代に発表されている．さらに，コンピュータの発達に伴って，状態ベクトルの非ガウス事後確率密度関数を直接数値的に近似するモンテカルロ（Monte Carlo）フィルタとブートストラップ（bootstrap）フィルタが1990年代になってほぼ同じ時期に発表されたが，現在では粒子（particle）フィルタと呼ばれている．この他，気象学分野ではリカッチ方程式を用いないアンサンブルカルマンフィルタ（Ensemble Kalman Filter, EnKF），またロボティックス分野ではUnscented カルマンフィルタ（UKF）が発表されており，それぞれ多くの関心を集めている．

本書の内容を簡単に見ておこう．第1章から第3章までが第I部であり，基礎事項と線形フィルタリング理論を取り扱う．第1章は線形・非線形フィルタリングの簡単な歴史と本書の構成について述べる．第2章はベイズ推定の基礎，情報行列とクラメール・ラオ不等式，多次元ガウス分布，および非線形要素の等価線形化について説明する．第3章はベイズ推定の立場からカルマンフィルタとカルマンスムーザを導出する．

第4章から第8章が第II部であり，非線形フィルタの理論とアルゴリズムを紹介する．すなわち，第4章は非線形フィルタリングの概要，および非線形確率システムに対する情報行列とクラメール・ラオ不等式について述べる．第5章は拡張カルマンフィルタ，第6章は Unscented カルマンフィルタ，第7章はアンサンブルカルマンフィルタ，第8章は粒子フィルタとガウシアン粒子フィルタについて解説する．

専門書ではあるが教科書としても使用できるように，ほとんどすべての結果には証明をつけた．そのために長い計算を必要とした個所もあるが，アルゴリズムは定理としてまとめたので，証明は後回しにして結果をすぐに利用するこ

とができる．種々のアルゴリズムの理解を助けるために，各章では簡単な数値例をつけた．数値例を計算するためのいくつかのプログラムは

http:// www.asakura.co.jp/books/isbn/978-4-254-20148-2/

からダウンロードすることができるので，参考にして頂ければ幸いである．また，付録 A では条件つき確率（期待値）に関連する基礎事項を述べ，付録 B には演習問題の略解を与えた．

『応用カルマンフィルタ』の初版は 1983 年に刊行され，LaTeX2e で組んだ新版の刊行が 2000 年であった．そしてこの続編では，最近の発展を踏まえて各種非線形フィルタについて解説した．前著との重複を避けるために，システム論的なアプローチは控えて，確率・統計的な立場からの説明に統一したので，システム制御以外の多くの分野の方々にも本書を手にとって頂けるのではないかと考えている．非線形フィルタリングは 1960 年代の後半に著者が大学院生として取り組んだ研究テーマである．本書の執筆を通して，当時から不完全なままになっていた問題に 40 年以上を経て別の形で解答を見つけることができたが，非常に感慨深いものがある．

最後に，原稿を通読して数多くの有益なコメントをお寄せ頂いた立命館大学杉本末雄教授，京都大学鷹羽浄嗣准教授，ならびに広島大学田中秀幸准教授に感謝の意を表します．今回執筆の機会を与えて頂き，また前著初版の時から長期にわたり継続的にお世話になっている朝倉書店編集部の各位に謝意を表します．

比叡平
2011 年 10 月

片山　徹

主な記号の説明

集合

$\forall x$ (= for all x)	すべて（任意）の x について
$a := b$	b を a と定義する
$a \in A$	a は A の要素である
$A \subset B$	A は B に含まれる（B の部分集合）

ベクトル・行列

$\mathbb{R}^n$, $\mathbb{R}^{n \times m}$	n 次元実ベクトルの集合，$n \times m$ 実行列の集合
x^T, A^T	x の転置ベクトル，A の転置行列
I_n	$n \times n$ 単位行列
$|A|$, $\det A$	A の行列式
A^{-1}	A の逆行列 （$|A| \neq 0$）
$\mathrm{trace}(A)$	A のトレース （対角要素の和）
$A > 0$	正定値対称行列（$A = A^\mathrm{T}$ も条件）
$A \geq 0$	非負定値対称行列
$\sqrt{A}$, $A^{1/2}$	$A \geq 0$ の平方根行列
$\|x\|$	x のノルム，$\|x\| = \sqrt{(x^\mathrm{T} x)}$
$\|x\|^2_{A^{-1}}$	$x^\mathrm{T} A^{-1} x$, $A > 0$ （x の 2 次形式）

確率・統計

$p(x)$, $p(x, y)$	x の確率密度関数，(x, y) の結合確率密度関数
$p(x \mid y)$	y に関する x の条件つき確率密度関数
$E\{x\}$, $E\{x \mid y\}$	x の期待値，y に関する x の条件つき期待値
$\mathrm{cov}(x, y)$	x と y の共分散行列
$\mathrm{cov}(x, y \mid z)$	z に関する (x, y) の条件つき共分散行列
$\mathrm{var}(x)$, $\mathrm{var}(x \mid z)$	$\mathrm{cov}(x, x)$, $\mathrm{cov}(x, x \mid z)$
$N(\mu, \Sigma)$	平均値 μ，共分散行列 Σ の正規分布，ガウス分布
$x \sim N(\mu, \Sigma)$	x は $N(\mu, \Sigma)$ に従う確率変数（確率ベクトル）
$p(x) = N(x \mid \mu, \Sigma)$	$p(x) = \frac{1}{\sqrt{(2\pi)^n |\Sigma|}} e^{-\frac{1}{2}(x-\mu)^\mathrm{T} \Sigma^{-1} (x-\mu)}$

目　　次

1. はじめに 1
  1.1　カルマンフィルタ 1
  1.2　非線形フィルタ 2
  1.3　本書の構成 5
  1.4　ノ　ー　ト 7

2. ベイズ推定の基礎 9
  2.1　確率変数の推定 9
  2.2　ベイズ推定 11
  2.3　情報行列とクラメール・ラオ不等式 14
  2.4　多次元ガウス分布 21
  2.5　非線形要素の等価線形化 27
  2.6　ノ　ー　ト 32
  2.7　演 習 問 題 32

3. カルマンフィルタ 34
  3.1　線形確率システム 34
  3.2　最小分散推定 38
  3.3　条件つき確率密度関数 38
  3.4　カルマンフィルタ 40
    3.4.1　観測更新ステップ 40
    3.4.2　時間更新ステップ 41

```
    3.4.3 カルマンフィルタのまとめ ································ 43
    3.4.4 雑音が相関をもつ場合 ···································· 46
  3.5 カルマンスムーザ ············································· 49
  3.6 数 値 例 ······················································ 55
    3.6.1 ランダムウォークモデル ································ 55
    3.6.2 衛星の回転運動モデル ·································· 56
  3.7 ノ ー ト ······················································ 58
  3.8 演 習 問 題 ···················································· 59

4. 非線形フィルタリングと情報行列 ································ 61
  4.1 非線形フィルタリング ········································ 61
  4.2 ベイズ情報行列 ··············································· 63
  4.3 情報行列の逐次計算法 ········································ 66
  4.4 線形確率システムの情報行列 ·································· 71
  4.5 状態およびパラメータの同時推定 ······························ 72
    4.5.1 1段予測推定値および濾波推定値の情報行列 ············· 72
    4.5.2 情報行列の逐次計算法 ·································· 74
  4.6 ノ ー ト ······················································ 80

5. 拡張カルマンフィルタ ············································ 81
  5.1 非線形確率システム ··········································· 81
  5.2 拡張カルマンフィルタ：EKF ··································· 82
    5.2.1 観測更新ステップ ······································ 83
    5.2.2 時間更新ステップ ······································ 85
    5.2.3 EKFアルゴリズムのまとめ ······························ 86
  5.3 繰り返し拡張カルマンフィルタ：IEKF ·························· 91
  5.4 等価線形化カルマンフィルタ：EqKF ···························· 94
  5.5 非線形カルマンフィルタの一般形 ······························ 99
  5.6 数 値 例 ······················································100
  5.7 ノ ー ト ······················································101
```

6. Unscented カルマンフィルタ ... 103
- 6.1 Unscented 変換法 ... 103
- 6.2 非線形確率システム ... 110
- 6.3 UKF アルゴリズム ... 110
  - 6.3.1 観測更新ステップ ... 111
  - 6.3.2 時間更新ステップ ... 113
- 6.4 UKF アルゴリズムのまとめ ... 114
- 6.5 ウィナーモデルの推定 ... 117
- 6.6 ノート ... 120

7. アンサンブルカルマンフィルタ ... 121
- 7.1 非線形確率システム ... 121
- 7.2 EnKF アルゴリズム ... 122
  - 7.2.1 観測更新ステップ ... 123
  - 7.2.2 時間更新ステップ ... 126
- 7.3 EnKF アルゴリズムのまとめ ... 127
- 7.4 線形システムに対する EnKF ... 129
- 7.5 数値例 ... 133
  - 7.5.1 Van der Pol モデル ... 134
  - 7.5.2 1次元熱伝導モデル ... 136
- 7.6 ノート ... 140

8. 粒子フィルタ ... 141
- 8.1 非線形確率システム ... 141
- 8.2 条件つき確率密度関数の時間推移 ... 142
- 8.3 粒子フィルタ: PF ... 142
  - 8.3.1 時間更新ステップ ... 143
  - 8.3.2 観測更新ステップ ... 145
- 8.4 リサンプリング ... 148
- 8.5 PF アルゴリズムのまとめ ... 151

8.6 ガウシアン粒子フィルタ: GPF ································ 152
8.7 数 値 例 ··· 155
　　8.7.1 1次元非線形時変モデル ································ 155
　　8.7.2 トラッキング問題 ··· 157
8.8 ノ ー ト ··· 160

A. 確率に関する基礎事項 ··· 161
A.1 連続確率変数 ·· 161
A.2 条件つき期待値 ·· 162
A.3 重点サンプリング ··· 163

B. 演習問題の略解 ··· 165

文　　　献 ·· 171

索　　　引 ·· 177

1

はじめに

　カルマンフィルタは観測データに基づいて，線形確率システムの状態ベクトルを逐次的に推定するアルゴリズムであり，工学を始めとするさまざまな分野における動的システムの推定問題に革新をもたらした．本章では，カルマンフィルタとその後発達した非線形フィルタの歴史的な流れを簡単に述べる．また，本書の構成についても説明する．

1.1　カルマンフィルタ

　カルマンフィルタはシステム制御理論の分野に大きなインパクトを与えた状態空間法によるフィルタリング理論である．ディジタル技術の発達とともに初期の宇宙工学，制御工学分野での応用から，現在ではロボット工学，土木工学，計量経済学，統計学，認知科学，オペレーションズリサーチ，気象海洋学など非常に多くの分野における動的システムの状態および未知パラメータ推定問題に応用されている．

　カルマンフィルタを導く際の基本的な仮定は
　a）システム方程式および観測方程式の線形性（linear）
　b）システム雑音および観測雑音の白色性（white）
　c）雑音分布のガウス性（Gaussian）
　d）2乗誤差規範（quadratic error criteria）

である．これを LQG の仮定というが，これは直交射影などヒルベルト空間の理論が適用できる美しくかつ便利な数学的な枠組みを与える．

多くの成功を収めたカルマンフィルタではあるが，システムの線形性あるいは雑音のガウス性が損われると，観測データに基づく状態ベクトルの条件つき確率分布は非ガウス性 (non-Gaussian) となり，フィルタリング問題を解析的に解くことはほとんど不可能となる．実際，非線形システムに対するフィルタリング問題は線形システムに対するフィルタリング問題よりもはるかに難しく，非常に多くの近似手法が提案されている．例えば，システムモデルを線形化してそれにカルマンフィルタの理論を適用して近似的な条件つき期待値と誤差共分散行列を計算したり，状態ベクトルの条件つき確率分布を多数の粒子（アンサンブル）によって近似して，モンテカルロ法によって条件つき確率分布の時間的変化を追跡する方法など多くの工夫がなされてきた．

カルマンフィルタが実際問題に応用されるとき，それぞれの分野において独自の発展が見られ，とくに 1990 年代以降は統計学，ロボット工学，気象海洋学などシステム制御以外の分野における非線形カルマンフィルタの研究が非常に注目されている．そのため，論文によってモデルやアルゴリズムの表現が異なることも珍しくない．本書ではシステム制御分野の慣習にならった記号を用いて説明を統一したものにして，非線形フィルタに関する全体的な理解を深めることを目標にする．

1.2 非線形フィルタ

1960/61 年にカルマンフィルタが発表されるとすぐに非線形フィルタに関する論文が発表されている．表 1.1 は非線形フィルタの分類を示したものである．非線形フィルタリングに関しては，多くの近似手法が提案されており，この表は完全なものではない．例えば，粒子フィルタと呼ばれるフィルタ群の中にはガウシアン粒子フィルタ (Gaussian Particle Filter, GPF)[67] などいくつかのバリエーションがある．また，他の非線形フィルタと粒子フィルタを融合した非線形フィルタも発表されている[78]．

表 1.1 の局所的方法は，状態ベクトルの条件つき期待値および共分散行列の時間的推移を近似的に計算する方法であり，事後確率分布は通常ガウス分布と仮定される．また大域的方法は，状態ベクトルの条件つき確率分布の時間推移

1.2 非線形フィルタ

表 1.1 非線形フィルタの分類[70,84]

	略 称	名 称	日本語訳
局所的方法	EKF	Extended Kalman Filter	拡張カルマンフィルタ
	EqKF	Equivalently Linearized Kalman Filter	等価線形化カルマンフィルタ
	UKF	Unscented Kalman Filter	Unscented カルマンフィルタ
	EnKF	Ensemble Kalman Filter	アンサンブルカルマンフィルタ
大域的方法	GSF	Gaussian Sum Filter	ガウス和フィルタ
	PMF	Point Mass Filter	質点フィルタ
	PF	Particle Filter	粒子フィルタ

を数値的に評価して，しかる後に条件つき期待値を計算する．

局所的な方法から説明しよう．拡張カルマンフィルタ EKF は非線形システムを状態ベクトルの推定値のまわりでテーラー展開して得られる 1 次近似システムにカルマンフィルタを適用して，推定値を更新していく方法であり[42,54]，1 次フィルタと呼ばれている．テーラー展開の 2 次近似までを利用した 2 次フィルタも提案されているが，アルゴリズムが非常に複雑でありその利用は限定的であった[51]．繰り返し（iterated）拡張カルマンフィルタ（IEKF）は更新された推定値を用いて非線形要素の線形化を局所的にやり直すもので，比較的少ない計算量で EKF の推定値を改善できる場合があることが知られている[29]．

等価線形化カルマンフィルタ EqKF は，条件つき確率分布をガウス分布と仮定して，2 乗誤差規範のもとで非線形要素を線形近似するという方法に基づくもので，EKF より推定精度は高いがアルゴリズムの導出は複雑である[11,42,90]．またテーラー展開ではなく補間公式を用いて非線形関数を有限差分近似する方法も発表されている[75,84]．これらの方法はヤコビアンやヘッシアンのような微分演算を必要としないため，微分を用いない（derivative-free）方法と呼ばれている．これらは，1 次フィルタだけでなく 2 次フィルタも比較的容易に実装できるという利点がある．

1990 年代の中頃には，確率ベクトルが非線形要素を通過したときの出力ベクトルの平均値と共分散行列を近似的に評価する Unscented Transformation（UT）を利用した Unscented カルマンフィルタ（UKF）と呼ばれる非線形フィルタが

発表され[56~58]，非常に多くの関連した研究が行われている．この方法はロボットの位置推定の精度を上げたいというロボット工学分野の問題に派生して考案された．Unscentedとは辞書的には香りがしないという意味であるが，Unscentedと関連して，"EKF is highly biased"や"debiased method"という表現も見られる．その意図は"バイアスが小さい"という程度の意味であろう．

アンサンブルカルマンフィルタ EnKF は気象予測の分野で開発されたデータ同化（data assimilation），すなわち状態ベクトルおよび未知パラメータの同時推定アルゴリズムである[22,41]．しかし，システム制御の分野で関心がもたれるようになったのは比較的最近のことである[43,87]．気象モデルの特徴は非線形で状態ベクトルが高次元 $[10^4 \sim 10^6]$ であり，初期状態の不確定性は高いが，多くの観測データが存在する対象である．このような場合には，リカッチ（Riccati）方程式を解いて誤差共分散行列 $[(10^4 \times 10^4) \sim (10^6 \times 10^6)]$ を正確に時間更新するのは計算量の点から実用上不可能である．アンサンブルと呼ばれるシステムのコピーを多数準備して，それぞれにランダムな初期条件と雑音のサンプルを与えて，それらの時間更新のシミュレーションを行う．新しい観測データが得られると，各アンサンブルの状態ベクトルから平均値と共分散行列を計算し，観測データと組み合せて観測更新を行う．アンサンブルを用いるという意味では粒子フィルタと考え方は類似しているが，EnKFはアンサンブルの分布ではなく平均値と共分散行列に着目した局所的な方法であり，アンサンブルの共分散行列からカルマンゲインを数値的に求めている．

つぎに大域的な方法について述べる．EKFでは状態ベクトルの条件つき確率分布を単一のガウス分布で近似しているので，その推定精度には限界がある．ガウス和フィルタ GSF は，非ガウスの事後確率分布を複数個のガウス分布の線形結合で近似して，それによってフィルタの推定精度を改善しようとするものである[21,24,86]．また，質点フィルタ PMF は状態ベクトルの条件つき確率分布の時間的な推移を記述する Kolmogorov の関数方程式を数値的に解くという方法である[30,83]．もちろん，これが解ければ推定問題は解けたということができるが，実際に合成積分を含む関数方程式を解くには時間と空間をともに離散化する必要があり，また空間の領域を制限しなければならない．Kolmogorov の関数方程式が解析的に解けるのは，システム方程式が線形で，かつ雑音がガウス

分布に従う場合であり，このときはカルマンフィルタが得られる[*1)]．

最後の粒子フィルタ PF は状態ベクトルの条件つき確率分布を多数の粒子によって近似する方法である．モンテカルロ（Monte Carlo）フィルタ[7,65)] がわが国で，またブートストラップ（bootstrap）フィルタ[45)] が英国でほぼ同じ時期に独立に発表されたが，現在では粒子フィルタ PF という名前が定着している．このモンテカルロ・サンプリングの方法に基づいた PF は近年非常に多くの関心を集め，論文も多数発表されている[8,17,39,78)]．PF の時間更新ステップは EnKF とほぼ同じであるが，観測更新ステップにおいてはリサンプリング（resampling）を利用するため，カルマンゲインを用いないところが EnKF と異なる点である．粒子フィルタ PF は任意の分布の雑音を扱うことが可能であり，その応用範囲は非常に広いと考えられる．また，リサンプリングを利用しないガウシアン粒子フィルタ GPF というアルゴリズムもある[67,68)]．

1.3 本書の構成

本書の構成について述べる．第 2，第 3 章ではベイズ推定とカルマンフィルタの説明を行う．ここまでが本書の第 I 部である．第 4 章以降が第 II 部であり，各種非線形フィルタを紹介する．すなわち，1960 年代の後半から 1970 年代にかけて発表された初期の非線形カルマンフィルタである EKF および IEKF を紹介し，ついで 1990 年代以降に発表された非線形フィルタリングの方法 UKF，EnKF，PF，GPF を順に説明する．

第 2 章ではベイズ推定の基礎，クラメール・ラオ不等式と多次元ガウス分布に関連した事項を述べる．とくに，確率密度関数の掛け算法則

$$p(x,y) = p(y \mid x)p(x) = p(x \mid y)p(y)$$

は，結合確率密度関数を確率密度関数と条件つき確率密度関数の積に分解する 2 つの異なる表現を与えている．この表現を結合ガウス確率密度関数に適用して，第 3 章で必要となる 2 次形式に関する有用な恒等式を導く．最後に，非線形要素の等価線形化近似について述べる．第 3 章ではベイズ推定の方法を用いて，

[*1)] $\tanh(\cdot)$ を含む特別な非線形連続時間システムでは解析解が求まる場合もある[37)]．

ガウス事後確率密度関数の時間推移を計算するという立場から，線形離散時間確率システムに対するカルマンフィルタを導出する．また，カルマンスムーザのアルゴリズムも同様の方法で証明する．第2，第3章では，本文中で説明できなかった事項をそれぞれの章末に演習問題として掲載し，必要に応じてそれらを引用している．

第4章では，非線形フィルタリングの概要について述べ，非線形確率システムの情報行列の時間推移を表す方程式と近似推定値の誤差共分散行列の各時点における下限を与えるクラメール・ラオ不等式について解説する．

第5章は拡張カルマンフィルタについて述べる．条件つき確率分布がガウス分布であるという仮定のもとで，MAP推定の考え方を利用してEKFを導き，また同様の方法でIEKFのアルゴリズムを導く．さらにEqKFについても簡単に説明し，まとめとして非線形カルマンフィルタの一般形を示す．

第6章はUKFについて解説する．いくつかの例題を用いてUT法の特徴について述べた後で，UKFのアルゴリズムを具体的に説明する．また，システム同定に関する簡単な数値例を紹介する．

第7章は気象学の分野で考案されたEnKFについて解説する．多数の粒子（アンサンブル）の時間更新と観測更新を繰り返しながら，アンサンブル平均によって状態ベクトルの条件つき期待値（と推定誤差共分散行列）を計算するEnKFアルゴリズムを導き，2つの計算例を示す．

第8章はPFについて説明する．Ristic他[78]，北川[8]や樋口他[17]に基づいて，基本的なアルゴリズムのみを解説するので，モンテカルロ法，重点サンプリングなど詳しくはArulampalam他[27]，Doucet他[39]，Ristic他[78]，小西他[10]を参照されたい．また，リサンプリングを利用しないGPFについても紹介する．

付録Aでは条件つき確率（期待値）についてごく簡単に必要事項を述べる．付録Bには第2，第3章末の演習問題の略解を掲載した．

最後に，前著『応用カルマンフィルタ』との違いについて述べておきたい．応用カルマンフィルタの議論はシステム制御分野の読者を念頭において，線形確率システム理論の上に展開されている．直交射影を用いてカルマンフィルタを誘導した後で，線形システムの可観測性，可到達性（可制御性）に基づいて，推定誤差共分散行列が満足するリカッチ方程式の解の存在と一意性，さらにエ

学的に重要な定常カルマンフィルタの安定性などにかなり多くのスペースを割いて説明を加えている．他方，非線形フィルタを扱う本書では，まずベイズ推定の立場から状態ベクトルの事後確率密度関数の時間的推移を追跡する方法でカルマンフィルタのアルゴリズムを導出し，その結果を利用して各種非線形フィルタのアルゴリズムを説明している．この方がシステム制御分野以外の方々には受け入れ易いと思われる．前著との重複を避けるために，本書では線形システム理論については述べないので，Anderson-Moore[24]，Gelb[42] や拙著[6] の付録などを参照されたい．

可観測性を満足しない線形モデルに最尤法を適用しても望ましい推定結果が得られないことを知っておけば，むだな努力を少なくすることができる．しかし残念ながら非線形システムに対しては，線形システム理論に匹敵するほどの使いやすい理論は得られていないので，非線形システムの可観測性を議論をすることは不可能ではないが非常に困難である．動作点の近傍で線形化されたシステムに線形理論を援用して得られる局所的な可観測性を調べることは可能である[77,85]（第 5 章の例 5.1 を参照）．

1.4　ノ　ー　ト

- カルマンフィルタの歴史は，Anderson-Moore[24]，Grewal-Andrews[46,47] が詳しい．1958 年 RIAS 研究所において，Kalman は Bucy とともに 1940 年代に Kolmogorov と Wiener によって周波数領域で解かれた最適推定問題を時間領域で状態空間法を用いて解くことに着手した．Bucy は若干の仮定の下で，Wiener-Hopf 方程式がリカッチ方程式に等価であることを見い出した．1960 年 Kalman は離散時間フィルタ，また 1961 年 Kalman-Bucy は連続時間フィルタを発表した．
- 1960 年にはすでに，NASA のプロジェクト責任者の一人であった Schmidt は（拡張）カルマンフィルタが軌道推定と軌道制御において Apollo プロジェクト成功の鍵になると認識していた．カルマンフィルタ誕生前後の詳しい経緯については McGee-Schmidt[74]，Bass[28]，Grewal-Andrews[46,47] を参照されたい．

- 非線形フィルタの歴史については，Ito-Xiong[53]，Doucet 他[39]，Daum[37]，Arasaratnam 他[25]，Šimandl-Duník[84] などが参考になる．非線形時系列モデルについては，Hamilton[48]，Tong[93]，北川[8] などが詳しい．
- 本書では，カルマンフィルタ以外に 6 種類の非線形フィルタ EKF，EqKF，UKF，EnKF，PF，GPF を紹介しているが，その他にも GSF[21,86] や DDF[75,84] などがある．数ある非線形フィルタの中で一体どのフィルタを用いればよいか，という読者からの声に対しては，残念ながら的確な回答をすることはできない．本書の例題の中でいくつかの計算を行ったが，EKF の性能は良好な場合も多いと感じている．非線形フィルタの特徴と各自の問題に照らして用いるフィルタを選んで頂きたい．また 2 つ以上の異なる非線形フィルタをシミュレーションによって比較してみることは非常に有効である．
- 余談ではあるが，実データでも，シミュレーション用に生成したデータでも，それらの波形を出力して目で見て確かめておくことはデータ処理を行う上で基本となる非常に大切な手順である．

2

ベイズ推定の基礎

本章では，カルマンフィルタと非線形フィルタで用いられるベイズ推定の基礎について述べる．また情報行列，クラメール・ラオ不等式と多次元ガウス分布に関連した事項についても解説する．

2.1 確率変数の推定

パラメータ推定問題は，観測データに基づいて未知パラメータの推定値を求める問題である．観測値が与えられたとき，未知パラメータに関する情報はすべて事後 (a posteriori) 確率分布の中に含まれている．

未知パラメータを x として，観測値を y とする．y に関する x の事後確率密度関数を $p(x \mid y)$ とおくと，ベイズの定理から

$$p(x \mid y) = \frac{p(y \mid x) p_a(x)}{p(y)} \tag{2.1}$$

を得る．ただし，$p(y \mid x)$ は x に関する y の条件つき確率密度関数，$p_a(x)$ は x の事前 (a priori) 確率密度関数である．式 (2.1) には，事前確率密度関数，条件つき確率密度関数，事後確率密度関数の3種類の密度関数が存在する[*1]．

ここで，簡単な線形モデル

$$y = x + v, \qquad x \sim N(\bar{x}, \sigma_a^2), \qquad v \sim N(0, \sigma_v^2) \tag{2.2}$$

を考えよう．ただし，雑音 v は未知パラメータ x とは独立であるとする．x を

[*1] 式 (2.1) の左辺の $p(x \mid y)$ は条件つき確率密度関数でもあるので，本書では事後確率密度関数と条件つき確率密度関数は同義語として用いることが多いことをお断りしておく．

固定すると，式 (2.2) から $y-x$ は v の分布に従うので，

$$p(y \mid x) = \frac{1}{\sqrt{2\pi\sigma_v^2}} e^{-\frac{1}{2\sigma_v^2}(y-x)^2}$$

が成立する．よって，式 (2.1) 右辺の分子は

$$p(y \mid x)p_a(x) = \frac{1}{\sqrt{2\pi\sigma_v^2}} \frac{1}{\sqrt{2\pi\sigma_a^2}} e^{-\frac{1}{2\sigma_v^2}(y-x)^2 - \frac{1}{2\sigma_a^2}(x-\bar{x})^2}$$

となる．上式右辺の指数部分を ϕ とおくと，

$$\begin{aligned} -2\phi &= \frac{(x-\bar{x})^2}{\sigma_a^2} + \frac{(y-x)^2}{\sigma_v^2} \\ &= \left[\frac{1}{\sigma_a^2} + \frac{1}{\sigma_v^2}\right] x^2 - 2\left[\frac{\bar{x}}{\sigma_a^2} + \frac{y}{\sigma_v^2}\right] x + \left[\frac{\bar{x}^2}{\sigma_a^2} + \frac{y^2}{\sigma_v^2}\right] \end{aligned} \tag{2.3}$$

を得る．ここで，

$$\frac{1}{\tau^2} = \frac{1}{\sigma_a^2} + \frac{1}{\sigma_v^2}, \qquad \alpha = \frac{\bar{x}}{\sigma_a^2} + \frac{y}{\sigma_v^2}$$

とおき，式 (2.3) を x について整理すると

$$-2\phi = \frac{1}{\tau^2}(x-\alpha\tau^2)^2 + \frac{1}{(\sigma_v^2+\sigma_a^2)}(y-\bar{x})^2 \tag{2.4}$$

となる．したがって，

$$p(y \mid x)p_a(x) = \frac{1}{\sqrt{2\pi\sigma_v^2}}\frac{1}{\sqrt{2\pi\sigma_a^2}} e^{-\frac{1}{2\tau^2}(x-\alpha\tau^2)^2 - \frac{1}{2(\sigma_v^2+\sigma_a^2)}(y-\bar{x})^2}$$

が成立する．また，上式を x について積分して

$$p(y) = \int_{-\infty}^{\infty} p(y \mid x)p_a(x)dx = \frac{\sqrt{2\pi\tau^2}}{\sqrt{2\pi\sigma_v^2}\sqrt{2\pi\sigma_a^2}} e^{-\frac{1}{2(\sigma_v^2+\sigma_a^2)}(y-\bar{x})^2}$$

を得る．よって，式 (2.1) から事後確率密度関数は

$$p(x \mid y) = \frac{p(y \mid x)p_a(x)}{p(y)} = \frac{1}{\sqrt{2\pi\tau^2}} e^{-\frac{1}{2\tau^2}(x-\alpha\tau^2)^2} \tag{2.5}$$

となる．結局，$p(x \mid y)$ はガウス分布 $N(m, \tau^2)$ となり，m と τ^2 は

$$m = \left[\frac{1}{\sigma_a^2} + \frac{1}{\sigma_v^2}\right]^{-1} \left[\frac{\bar{x}}{\sigma_a^2} + \frac{y}{\sigma_v^2}\right], \qquad \frac{1}{\tau^2} = \frac{1}{\sigma_a^2} + \frac{1}{\sigma_v^2} \tag{2.6}$$

で与えられる．すなわち，条件つき期待値は事前期待値 $\bar{x}$ と観測値 y の加重平均である．また，分散の逆数を精度と考えると，事後精度は事前精度とサンプルの精度の和となって向上している．式 (2.6) の m を変形すると

$$m = \frac{\sigma_v^2}{\sigma_a^2 + \sigma_v^2}\bar{x} + \frac{\sigma_a^2}{\sigma_a^2 + \sigma_v^2}y \tag{2.7}$$

となる．σ_a^2 が非常に小さければ，事前情報の精度が非常に高いので，観測値よりも事前情報 $\bar{x}$ を信頼し，逆に σ_v^2 が小さい場合には，観測値 y を信頼するという当然の結果である．

式 (2.5) の事後確率密度関数には，式 (2.2) のモデルにおいて y がもたらす x に関するすべての情報が含まれている．以下では，事後確率分布に基づいて，未知パラメータの推定値を求めるためのベイズ推定の基礎について述べる．

2.2 ベイズ推定

未知パラメータを x, 推定値を $\hat{x} = f(y)$ とおくと，推定誤差は

$$e = x - f(y)$$

となる．まず，誤差 e の大小を評価するための損失関数 $l(e) \geq 0$ を導入する．x, y はともに確率変数であるから，$l(e)$ は確率変数となる．よって，$l(e)$ の期待値としてベイズリスク（Bayes risk）

$$\begin{aligned} R[f] &= E\{l(x - f(y))\} \\ &= \int_{-\infty}^{\infty} \int_{-\infty}^{\infty} l(x - f(y))p(x,y)dx\,dy \end{aligned} \tag{2.8}$$

を定義する．ベイズリスクを最小にする $f(y)$ をベイズ推定値（Bayes estimate）という．ここで，$p(x,y) = p(x \mid y)p(y)$ を用いると，式 (2.8) は

$$R[f] = \int_{-\infty}^{\infty} \left(\int_{-\infty}^{\infty} l(x - f(y))p(x \mid y)dx\right) p(y)dy$$

となる.さらに,条件つきベイズリスク

$$R_c[f] = E\{l(x - f(y)) \mid y\} = \int_{-\infty}^{\infty} l(x - f(y))p(x \mid y)dx \quad (2.9)$$

を定義すると,ベイズリスクは条件つきベイズリスク $R_c[f]$ の $p(y)$ に関する期待値となる.式 (2.9) 右辺の 2 つの被積分関数 $l(\cdot)$ と $p(x \mid y)$ はともに非負であるので,任意の固定された y に対して $R_c[f]$ を最小にする $\hat{x} = f(y)$ を求めれば,それはベイズリスク $R[f]$ を最小にする.

実際,任意の推定値 $g(y)$ に対して $R_c[f] \leq R_c[g]$,すなわち

$$E\{l(x - f(y)) \mid y\} \leq E\{l(x - g(y)) \mid y\}, \quad \forall g(y)$$

が成立すると仮定する.上式の y に関する期待値を計算すると,

$$E\{E\{l(x - f(y)) \mid y\}\} \leq E\{E\{l(x - g(y)) \mid y\}\}$$

となる.これは $R[f] \leq R[g], \forall g$ と等価である(付録の命題 A.1 参照).

命題 2.1. ベイズ推定値は式 (2.9) の条件つきベイズリスクを最小にすることによって求めることができる. □

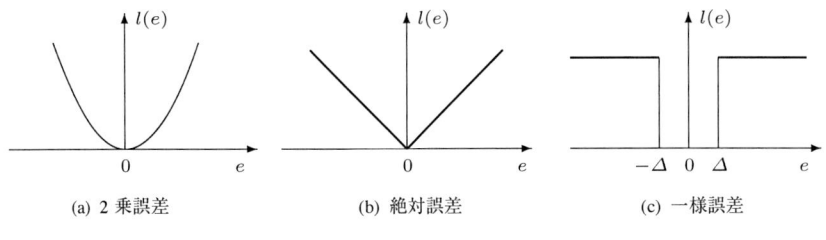

(a) 2 乗誤差 (b) 絶対誤差 (c) 一様誤差

図 2.1 損失関数

つぎに,図 2.1 に示す 3 つの損失関数に対するベイズ推定値を計算しよう.
(a) 2 乗誤差 $l(e) = e^2$ を考える.このとき,条件つきベイズリスクは

$$R_c[f] = E\{(x - f(y))^2 \mid y\} = \int_{-\infty}^{\infty} (x - f(y))^2 p(x \mid y)dx \quad (2.10)$$

となる.式 (2.10) を $f(y)$ で偏微分して 0 とおくと,

$$\frac{\partial R_c[f]}{\partial f} = \int_{-\infty}^{\infty} 2(f(y) - x) p(x \mid y) dx = 0$$

となるので,積分を実行すると

$$f(y) = \int_{-\infty}^{\infty} x p(x \mid y) dx = E\{x \mid y\} \tag{2.11}$$

を得る.すなわち,ベイズ推定値は y に関する x の条件つき期待値となる.このベイズ推定値を最小分散推定値（Minimum variance estimate）という[*1].また,条件つき期待値の性質から $E\{f(y)\} = E\{E\{x \mid y\}\} = E\{x\}$ となるので,最小分散推定値は不偏（unbiased）推定値である.

(b) 絶対誤差 $l(e) = |e|$ を考えよう.条件つきベイズリスクは

$$\begin{aligned} R_c[f] &= \int_{-\infty}^{\infty} |x - f(y)| p(x \mid y) dx \\ &= \int_{-\infty}^{f(y)} (f(y) - x) p(x \mid y) dx + \int_{f(y)}^{\infty} (x - f(y)) p(x \mid y) dx \end{aligned}$$

となる.上式を $f(y)$ について偏微分して 0 とおくと,

$$\int_{-\infty}^{f(y)} p(x \mid y) dx = \int_{f(y)}^{\infty} p(x \mid y) dx \tag{2.12}$$

を得る.これから,ベイズ推定値 $f(y)$ は事後確率密度関数 $p(x \mid y)$ の中央値（median）となる.このベイズ推定値を絶対誤差（Absolute error）推定値という.

(c) 最後に一様誤差を考える.$\Delta > 0$ として,損失関数は

$$l(e) = \begin{cases} 0, & |e| \leq \Delta \\ 1, & |e| > \Delta \end{cases}$$

で与えられる.この場合,誤差が Δ 以下であれば,ペナルティは 0,そうでなければ 1 である.Δ が十分小さいとすると,条件つきベイズリスクは

[*1] 最小平均 2 乗誤差推定値（Minimum mean square error estimate）ともいう.

$$R_c[f] = 1 - \int_{f(y)-\Delta}^{f(y)+\Delta} p(x \mid y)dx \simeq 1 - 2\Delta p(f(y) \mid y) \quad (2.13)$$

と近似できる．したがって，$R_c[f]$ を最小にする $f(y)$ は事後確率密度関数 $p(x \mid y)$ を最大にする $f(y)$，すなわち $p(x \mid y)$ のモード（mode）となる．このベイズ推定値を MAP（Maximum a posteriori）推定値という．

MAP 推定値 $\hat{x}_{\text{MAP}}$ は MAP 方程式

$$\left[\frac{\partial \log p(x \mid y)}{\partial x}\right]_{x=\hat{x}_{\text{MAP}}} = 0 \quad (2.14)$$

を解くことにより求められる．ベイズの定理から，上式は

$$\left[\frac{\partial}{\partial x}\left(\log p(y \mid x) + \log p_a(x)\right)\right]_{x=\hat{x}_{\text{MAP}}} = 0$$

となる．$p_a(x)$ が一様分布であれば，$p_a(x)$ は x によらないので，MAP 推定値は最尤推定値（Maximum likelihood estimate）に帰着する．

もし，事後確率密度関数 $p(x \mid y)$ がガウス分布であれば上で求めた 3 つのベイズ推定値は一致する．また，(i) 損失関数 $l(e)$ が対称かつ下に凸，(ii) 事後確率分布 $p(x \mid y)$ が条件つき期待値に関して対称であれば，ベイズ推定値は最小分散推定値に等しいことが知られている[6,24]．よって，かなり広いクラスの損失関数と事後確率分布に対して，ベイズ推定値は条件つき期待値で与えられることがわかる．このことが最小分散推定値，すなわち条件つき期待値が広く用いられている理由となっている．

本節では，スカラーの確率変数に対して上述の結果を導いたが，これらは確率ベクトルの場合にも成立する．

2.3 情報行列とクラメール・ラオ不等式

$x \in \mathbb{R}^n$ を未知パラメータベクトル，$y \in \mathbb{R}^p$ を観測ベクトル，y に基づく x の任意の推定値を $f(y)$ とする．本節では，情報行列とその逆行列を用いて推定誤差共分散行列を下から評価するクラメール・ラオ（行列）不等式について述べる．

情報行列には 2 つのタイプがあるが，まず x が定数ベクトルである場合のフィッシャー（Fisher）情報行列の定義から述べる．

定義 2.1. x に関するフィッシャー情報行列を

$$I(x) = -E_{y|x}\left\{\frac{\partial^2 \log p(y\mid x)}{\partial x^2}\right\} \qquad (2.15)$$

$$= -\int\left(\frac{\partial^2 \log p(y\mid x)}{\partial x^2}\right)p(y\mid x)dy$$

と定義する．ここで，$E_{y|x}\{\cdot\}$ は $p(y\mid x)$ に関する期待値を意味する．y に関する積分は p 重積分であるが，積分記号 1 つで代用している．フィッシャー情報行列 $I(x) \in \mathbb{R}^{n\times n}$ の要素は

$$I_{ij} = -E_{y|x}\left\{\frac{\partial^2 \log p(y\mid x)}{\partial x_i \partial x_j}\right\}, \qquad i,j = 1,\cdots,n$$

であり，導関数と期待値は存在するものと仮定する． □

仮定 2.1. 条件つき確率密度関数 $p(y\mid x)$ の x に関する導関数

$$\frac{\partial p(y\mid x)}{\partial x_i} \quad \text{および} \quad \frac{\partial^2 p(y\mid x)}{\partial x_i \partial x_j}, \qquad i,j = 1,\cdots,n$$

が存在して，y について絶対可積分であるとする．これを正則条件[35]という． □

つぎの結果はよく知られている．命題の不等式はシュワルツの不等式を適用することにより証明できる．

命題 2.2. 仮定 2.1 の下で，フィッシャー情報行列は

$$I(x) = E_{y|x}\left\{\left[\frac{\partial \log p(y\mid x)}{\partial x}\right]\left[\frac{\partial \log p(y\mid x)}{\partial x}\right]^{\mathrm{T}}\right\} \qquad (2.16)$$

と表すことができる．よって，フィッシャー情報行列は対称行列である．また，x の任意の不偏推定値 $f(y)$ に対して，クラメール・ラオ不等式

$$P_{xx} = E_{y|x}\{[x-f(y)][x-f(y)]^{\mathrm{T}}\} \geq I^{-1}(x) \qquad (2.17)$$

が成立する．ただし，$I(x) > 0$ とする．

証明 Cramér[35]，Van Trees[94] などを参照． □

つぎに，x が確率ベクトルである場合のベイズ（Bayes）情報行列とそれを用いたクラメール・ラオ不等式について述べる．

定義 2.2. 確率ベクトル x に関するベイズ情報行列を

$$J = -E\left\{\frac{\partial^2 \log p(x,y)}{\partial x^2}\right\} \quad (2.18)$$

と定義する．ただし，E は結合確率密度関数 $p(x,y)$ に関する期待値である．また $J \in \mathbb{R}^{n \times n}$ の要素は

$$J_{ij} = -E\left\{\frac{\partial^2 \log p(x,y)}{\partial x_i \partial x_j}\right\}, \quad i,j = 1, \cdots, n$$

であり，上式の導関数と期待値は存在するものと仮定する． □

仮定 2.2. 結合確率密度関数 $p(x,y)$ の x に関する導関数

$$\frac{\partial p(x,y)}{\partial x_i} \quad \text{および} \quad \frac{\partial^2 p(x,y)}{\partial x_i \partial x_j}, \quad i,j = 1, \cdots, n \quad (2.19)$$

が存在して，x, y について絶対可積分とする．これは Van Trees[94] が用いた正則条件である． □

x の事前確率密度関数を $p_a(x)$ とおくと，$p(x,y) = p(y \mid x)p_a(x)$ が成立するので，式 (2.19) の導関数は

$$\frac{\partial p(x,y)}{\partial x_i} = \frac{\partial p(y \mid x)}{\partial x_i}p_a(x) + p(y \mid x)\frac{\partial p_a(x)}{\partial x_i}$$

および

$$\frac{\partial^2 p(x,y)}{\partial x_i \partial x_j} = \frac{\partial^2 p(y \mid x)}{\partial x_i \partial x_j}p_a(x) + \frac{\partial p(y \mid x)}{\partial x_i}\frac{\partial p_a(x)}{\partial x_j}$$
$$+ \frac{\partial p(y \mid x)}{\partial x_j}\frac{\partial p_a(x)}{\partial x_i} + p(y \mid x)\frac{\partial^2 p_a(x)}{\partial x_i \partial x_j}$$

となる．したがって，仮定 2.2 の条件は $p_a(x)$ に関して導関数

$$\frac{\partial p_a(x)}{\partial x_i} \quad \text{および} \quad \frac{\partial^2 p_a(x)}{\partial x_i \partial x_j}, \qquad i,j = 1, \cdots, n \tag{2.20}$$

が存在して，x について絶対可積分であるという条件が仮定 2.1 に付加されたものである．

ここで，$p(x,y) = p(y \mid x) p_a(x)$ の対数をとると，

$$\log p(x,y) = \log p(y \mid x) + \log p_a(x)$$

が成立するので，ベイズ情報行列は式 (2.18) から

$$J = J_d + J_a \tag{2.21}$$

と表すことができる．ただし，J_d はデータのもたらす情報，J_a は事前分布のもたらす情報であり，それぞれ

$$J_d = -E\left\{\frac{\partial^2 \log p(y \mid x)}{\partial x^2}\right\} \in \mathbb{R}^{n \times n} \tag{2.22}$$

$$J_a = -E\left\{\frac{\partial^2 \log p_a(x)}{\partial x^2}\right\} \in \mathbb{R}^{n \times n}$$

で与えられる．式 (2.22) から，J_d はフィッシャー情報行列の期待値

$$J_d = E\{I(x)\} = \int I(x) p_a(x) dx \tag{2.23}$$

であることがわかる．

他方，$p(x,y) = p(x \mid y) p(y)$ の対数をとると，

$$\log p(x,y) = \log p(x \mid y) + \log p(y) \tag{2.24}$$

を得る．上式右辺の第 2 項は x には依存しないので，ベイズ情報行列は

$$J = -E\left\{\frac{\partial^2 \log p(x \mid y)}{\partial x^2}\right\} \tag{2.25}$$

と表すことができる．したがって，その (i,j) 要素は

$$J_{ij} = -E\left\{\frac{\partial^2 \log p(x \mid y)}{\partial x_i \partial x_j}\right\}, \qquad i,j = 1, \cdots, n$$

となる．

命題 2.3. 仮定 2.2 の下で，ベイズ情報行列は

$$J = E\left\{\left[\frac{\partial \log p(x,y)}{\partial x}\right]\left[\frac{\partial \log p(x,y)}{\partial x}\right]^{\mathrm{T}}\right\} \quad (2.26)$$

$$= E\left\{\left[\frac{\partial \log p(x\mid y)}{\partial x}\right]\left[\frac{\partial \log p(x\mid y)}{\partial x}\right]^{\mathrm{T}}\right\} \quad (2.27)$$

と表すことができる．

証明 周辺確率密度関数に関して $\int p(x,y)dy = p_a(x)$ が成立する．この式の左辺を x_i で偏微分すると，

$$\frac{\partial}{\partial x_i}\int p(x,y)dy = \int \frac{\partial p(x,y)}{\partial x_i}dy = \int \frac{\partial \log p(x,y)}{\partial x_i}p(x,y)dy$$

となる．積分と微分の交換は仮定 2.2 より保証される．よって，

$$\int \frac{\partial \log p(x,y)}{\partial x_i}p(x,y)dy = \frac{\partial p_a(x)}{\partial x_i}$$

を得る．上式の両辺を x_j で偏微分すると，

$$\int \frac{\partial^2 \log p(x,y)}{\partial x_i \partial x_j}p(x,y)dy + \int \frac{\partial \log p(x,y)}{\partial x_i}\frac{\partial \log p(x,y)}{\partial x_j}p(x,y)dy = \frac{\partial^2 p_a(x)}{\partial x_i \partial x_j}$$

となる．つぎに，上式の両辺を x について積分すると，

$$E\left\{\frac{\partial^2 \log p(x,y)}{\partial x_i \partial x_j}\right\} + E\left\{\left[\frac{\partial \log p(x,y)}{\partial x_i}\right]\left[\frac{\partial \log p(x,y)}{\partial x_j}\right]\right\}$$

$$= \underbrace{\int\cdots\int}_{n}\frac{\partial^2 p_a(x)}{\partial x_i \partial x_j}dx_1\cdots dx_n = \underbrace{\int\cdots\int}_{n-1}\left[\frac{\partial p_a(x)}{\partial x_i}\right]_{x_j=-\infty}^{\infty}d\xi^j \quad (2.28)$$

を得る．ただし，$d\xi^j = dx_1\cdots dx_{j-1}dx_{j+1}\cdots dx_n$, $j = 1,\cdots,n$ である．式 (2.20) の導関数の存在とその絶対可積分性条件から

$$\lim_{x_j \to \pm\infty}\frac{\partial p_a(x)}{\partial x_i} = 0, \qquad i,j = 1,\cdots,n$$

が成立する．よって，式 (2.28) の $d\xi^j$ に関する $(n-1)$ 重積分は 0 となり，式 (2.26) が証明された．2 番目の等号は式 (2.24) から明らかである． □

式 (2.26) は対称行列であるから，ベイズ情報行列は対称行列である．つぎの命題はベイズ推定値の評価を与えるもので，事後クラメール・ラオ不等式 (Posterior Cramér-Rao inequality) という．

命題 2.4. $J > 0$ のとき，確率ベクトル x の任意のベイズ推定値 $f(y)$ に対して不等式

$$P_{xx} = E\{[x - f(y)][x - f(y)]^{\mathrm{T}}\} \geq J^{-1} \tag{2.29}$$

が成立する．ただし，仮定 2.2 に加えて，つぎの条件が成り立つとする．すなわち，誤差の条件つき期待値を

$$b(x) = E_{y|x}\{f(y) - x\} = \int (f(y) - x)p(y \mid x)dy \tag{2.30}$$

とおくとき，$\lim_{x_i \to \pm\infty}[b(x)p_a(x)] = 0, i = 1, \cdots, n$ が成立する[*1)]．

証明 $\varepsilon(x, y) := f(y) - x \in \mathbb{R}^n$ および $\lambda(x, y) := \partial \log p(x, y)/\partial x \in \mathbb{R}^n$ とおく．このとき，P_{xx} の定義と命題 2.3 から

$$E\left\{\begin{bmatrix} \varepsilon \\ \lambda \end{bmatrix} [\varepsilon^{\mathrm{T}} \ \lambda^{\mathrm{T}}]\right\} = \begin{bmatrix} P_{xx} & Q \\ Q^{\mathrm{T}} & J \end{bmatrix} \geq 0 \tag{2.31}$$

が成立する．ただし，$Q = E\{\varepsilon \lambda^{\mathrm{T}}\}$ である．まず $Q = I_n$ を示す．式 (2.30) の両辺に $p_a(x)$ を掛けると，

$$\int (f(y) - x)p(x, y)dy = b(x)p_a(x)$$

となるので，上式を x_j で偏微分すると，

$$-\int e_j p(x, y)dy + \int \varepsilon \left[\frac{\partial \log p(x, y)}{\partial x_j}\right] p(x, y)dy = \frac{\partial [b(x)p_a(x)]}{\partial x_j}$$

を得る．ただし，$j = 1, \cdots, n$ であり，$e_j \in \mathbb{R}^n$ は j 番目の要素のみが 1 の単位ベクトルである．ここで，上式の両辺を x で積分すると，$\partial \log p(x \mid y)/\partial x_j = \lambda_j$

[*1)] Van Trees[94)] が用いた条件である．$p_a(x) > 0$ となる x の範囲（$p_a(x)$ の台）が有界であれば成立する．また台が有界でない場合は，$\|x\| \to \infty$ のとき $p_a(x)$ が $1/\|b(x)\|$ のオーダーより急速に 0 に収束すれば成立する．

であるから，

$$-e_j + \int\int \varepsilon \lambda_j p(x,y) dx dy = \int \bigl[b(x)p_a(x)\bigr]_{x_j=-\infty}^{\infty} d\xi^j$$

となる．ただし，$d\xi^j = dx_1 \cdots dx_{j-1} dx_{j+1} \cdots dx_n, j = 1, \cdots, n$ である．仮定から，右辺は 0 となり，$e_j = E\{\varepsilon\lambda_j\}, j = 1, \cdots, n$ が成立するので，$Q = I_n$ を得る．ここで，演習問題 2.5 を用いると式 (2.31) から

$$\begin{bmatrix} P_{xx} & I_n \\ I_n & J \end{bmatrix} = \begin{bmatrix} I_n & J^{-1} \\ 0 & I_n \end{bmatrix} \begin{bmatrix} P_{xx} - J^{-1} & 0 \\ 0 & J \end{bmatrix} \begin{bmatrix} I_n & 0 \\ J^{-1} & I_n \end{bmatrix} \geq 0$$

が成立する．よって，不等式 (2.29) を得る． $\square$

最後に，上の証明で用いた部分ベクトルの推定誤差共分散行列の下限に関する結果を一般化して述べる．ベクトル $x \in \mathbb{R}^n$ を $x_a \in \mathbb{R}^{n_a}$ と $x_b \in \mathbb{R}^{n_b}$ に分割する．ただし，$n_a + n_b = n$ である．また同様に，x_a, x_b の推定値をそれぞれ $f_a(y), f_b(y)$ とおくと，

$$x - f(y) = \begin{bmatrix} x_a - f_a(y) \\ x_b - f_b(y) \end{bmatrix}$$

を得る．したがって，式 (2.29) から次式を得る．

$$P_{xx} = \begin{bmatrix} P_{aa} & P_{ab} \\ P_{ba} & P_{bb} \end{bmatrix} \geq J^{-1}, \qquad P_{ab} \in \mathbb{R}^{n_a \times n_b}$$

ここで，ベイズ情報行列 $J = \begin{bmatrix} A & B \\ C & D \end{bmatrix}$ における $A \in \mathbb{R}^{n_a \times n_a}$ のシュール補行列[88]を $\Delta = D - CA^{-1}B \in \mathbb{R}^{n_b \times n_b}$ とおくと，つぎの命題を得る．

命題 2.5. x_b の推定誤差共分散行列の下限は

$$P_{bb} = E\{[x_b - f_b(y)][x_b - f_b(y)]^{\mathrm{T}}\} \geq \Delta^{-1} \tag{2.32}$$

で与えられる．Δ を x_b に対する部分ベイズ情報行列という．

証明 演習問題 2.6 (b) の逆行列の公式から，J^{-1} の (2,2) ブロック要素は Δ^{-1} となるので，直ちに式 (2.32) を得る． $\square$

2.4 多次元ガウス分布

2.2 節で述べたように，最小分散推定値は条件つき期待値

$$\hat{x} := E\{x \mid y\} = \int_{-\infty}^{\infty} x p(x \mid y) dx \tag{2.33}$$

で与えられる．したがって，最小分散推定値を計算するには，条件つき確率密度関数 $p(x \mid y)$ を必要とする．しかし，実際の応用においては，$p(x \mid y)$ が正確に与えられる場合はまれであろう．たとえ，$p(x \mid y)$ が正確に与えられたとしても，一般に式 (2.33) の積分計算は非常に困難である．

本節では，結合確率密度関数 $p(x, y)$ が多次元ガウス分布である場合について，条件つき確率密度関数と条件つき期待値の計算を行う．$x \in \mathbb{R}^n$ は未知パラメータベクトル，$y \in \mathbb{R}^p$ は観測ベクトルとし，それらの平均値ベクトルおよび共分散行列を以下のように定義する．

$$\bar{x} := E\{x\}, \qquad \bar{y} := E\{y\} \tag{2.34}$$

$$\begin{bmatrix} \Sigma_{xx} & \Sigma_{xy} \\ \Sigma_{yx} & \Sigma_{yy} \end{bmatrix} := \begin{bmatrix} E\{(x-\bar{x})(x-\bar{x})^\mathrm{T}\} & E\{(x-\bar{x})(y-\bar{y})^\mathrm{T}\} \\ E\{(y-\bar{y})(x-\bar{x})^\mathrm{T}\} & E\{(y-\bar{y})(y-\bar{y})^\mathrm{T}\} \end{bmatrix} \tag{2.35}$$

ここで，$\Sigma := \begin{bmatrix} \Sigma_{xx} & \Sigma_{xy} \\ \Sigma_{yx} & \Sigma_{yy} \end{bmatrix}$ とおくと，(x, y) の結合確率密度関数は

$$p(x, y) = \frac{1}{(2\pi)^{(n+p)/2} |\Sigma|^{1/2}}$$
$$\times \exp\left(-\frac{1}{2}[(x-\bar{x})^\mathrm{T} \ (y-\bar{y})^\mathrm{T}] \Sigma^{-1} \begin{bmatrix} x-\bar{x} \\ y-\bar{y} \end{bmatrix}\right) \tag{2.36}$$

となる．Σ の行列式，逆行列を計算するために，演習問題 2.5 の公式

$$\begin{bmatrix} A & B \\ C & D \end{bmatrix} = \begin{bmatrix} I & BD^{-1} \\ 0 & I \end{bmatrix} \begin{bmatrix} A - BD^{-1}C & 0 \\ 0 & D \end{bmatrix} \begin{bmatrix} I & 0 \\ D^{-1}C & I \end{bmatrix}$$

を利用する．ただし，逆行列の存在は仮定する．$A = \Sigma_{xx}, B = \Sigma_{xy}, C = \Sigma_{yx}$,

$D = \Sigma_{yy}$ とおき,両辺の行列式を計算すると,

$$|\Sigma| = |\Sigma_{xx} - \Sigma_{xy}\Sigma_{yy}^{-1}\Sigma_{yx}||\Sigma_{yy}| = |\Pi||\Sigma_{yy}|$$

を得る.ただし,$\Pi := \Sigma_{xx} - \Sigma_{xy}\Sigma_{yy}^{-1}\Sigma_{yx}$ である.簡単のために,$a := x - \bar{x}$,$b := y - \bar{y}$ とおくと,式 (2.36) の指数部の 2 次形式は $-1/2$ を除いて

$$[a^T \ b^T]\Sigma^{-1}\begin{bmatrix} a \\ b \end{bmatrix} = [a^T \ b^T]\begin{bmatrix} I & 0 \\ -\Sigma_{yy}^{-1}\Sigma_{yx} & I \end{bmatrix}$$
$$\times \begin{bmatrix} \Pi^{-1} & 0 \\ 0 & \Sigma_{yy}^{-1} \end{bmatrix}\begin{bmatrix} I & -\Sigma_{xy}\Sigma_{yy}^{-1} \\ 0 & I \end{bmatrix}\begin{bmatrix} a \\ b \end{bmatrix}$$
$$= (a - \Sigma_{xy}\Sigma_{yy}^{-1}b)^T \Pi^{-1}(a - \Sigma_{xy}\Sigma_{yy}^{-1}b) + b^T \Sigma_{yy}^{-1} b$$

となる.ここで,$\alpha := \bar{x} + \Sigma_{xy}\Sigma_{yy}^{-1}(y - \bar{y})$ とおくと,$a - \Sigma_{xy}\Sigma_{yy}^{-1}b = x - \alpha$ となるので,式 (2.36) は

$$p(x, y) = \frac{1}{(2\pi)^{n/2}|\Pi|^{1/2}} \exp\left(-\frac{1}{2}(x-\alpha)^T \Pi^{-1}(x-\alpha)\right)$$
$$\times \frac{1}{(2\pi)^{p/2}|\Sigma_{yy}|^{1/2}} \exp\left(-\frac{1}{2}(y-\bar{y})^T \Sigma_{yy}^{-1}(y-\bar{y})\right)$$

と表すことができる.ここで,

$$\frac{1}{(2\pi)^{n/2}|\Pi|^{1/2}} \int_{\mathbb{R}^n} e^{-\frac{1}{2}(x-\alpha)^T \Pi^{-1}(x-\alpha)} dx = 1 \qquad (2.37)$$

が成立するので(演習問題 2.7),周辺確率密度関数 $p(y) = \int p(x,y)dx$ は

$$p(y) = \frac{1}{(2\pi)^{p/2}|\Sigma_{yy}|^{1/2}} \exp\left(-\frac{1}{2}(y-\bar{y})^T \Sigma_{yy}^{-1}(y-\bar{y})\right) \qquad (2.38)$$

となる.したがって,条件つき確率密度関数

$$p(x \mid y) = \frac{1}{(2\pi)^{n/2}|\Pi|^{1/2}} \exp\left(-\frac{1}{2}(x-\alpha)^T \Pi^{-1}(x-\alpha)\right) \qquad (2.39)$$

を得る.結合確率密度関数が $p(x,y) = p(x \mid y)p(y)$ のように $p(x \mid y)$ と $p(y)$ の積に分解されたので,$x - \alpha$ と y は独立,したがって $E\{(x-\alpha)y^T\} = 0$ が成立する.よって,つぎの結果を得る.

命題 2.6. (x, y) の結合確率密度関数が式 (2.36) のガウス分布であれば，条件つき確率密度関数 $p(x \mid y)$ もまたガウス分布であり，その平均値と共分散行列は

$$E\{x \mid y\} = \bar{x} + \Sigma_{xy}\Sigma_{yy}^{-1}(y - \bar{y}) \tag{2.40}$$

および

$$E\{[x - E\{x \mid y\}][x - E\{x \mid y\}]^{\mathrm{T}} \mid y\} = \Sigma_{xx} - \Sigma_{xy}\Sigma_{yy}^{-1}\Sigma_{yx} \tag{2.41}$$

で与えられる．また $x - E\{x \mid y\}$ と y は独立である．

証明 式 (2.40) は式 (2.39) と α の定義から明らかである．式 (2.41) の左辺は y に関する条件つき期待値であり，式 (2.39) から $u = x - \alpha$ とおいて

$$\begin{aligned}
\mathrm{var}(x \mid y) &= \int_{\mathbb{R}^n} (x - \alpha)(x - \alpha)^{\mathrm{T}} p(x \mid y) dx \\
&= \frac{1}{(2\pi)^{n/2}|\Pi|^{1/2}} \int_{\mathbb{R}^n} uu^{\mathrm{T}} e^{-\frac{1}{2} u^{\mathrm{T}} \Pi^{-1} u} du = \Pi
\end{aligned} \tag{2.42}$$

を得る（演習問題 2.7）．したがって，条件つき期待値は y には依存しないことがわかる．これはガウス分布の著しい特徴である． □

命題 2.6 から，直接的に得られる結果を 2 つ述べる．

命題 2.7. x, y が結合ガウス分布に従うとき，データ y に基づく x の最小分散推定値および推定誤差共分散行列は

$$\hat{x} = \bar{x} + \Sigma_{xy}\Sigma_{yy}^{-1}(y - \bar{y}) \tag{2.43}$$

$$\mathrm{var}(x \mid y) = \Sigma_{xx} - \Sigma_{xy}\Sigma_{yy}^{-1}\Sigma_{yx} \tag{2.44}$$

となる．また，最小分散推定値 $\hat{x}$ は不偏推定値である． □

命題 2.8. x, y, z はガウス確率変数であり，かつ y と z は独立であるとする．このとき，つぎの関係が成立する．

$$E\{x \mid y, z\} = E\{x \mid y\} + E\{x \mid z\} - E\{x\}$$

証明 $w = \begin{bmatrix} y \\ z \end{bmatrix}$ とおくと，$\bar{w} = \begin{bmatrix} \bar{y} \\ \bar{z} \end{bmatrix}$，$\Sigma_{xw} = [\Sigma_{xy} \ \Sigma_{xz}]$ を得る．また y と z は独立であるから，$\Sigma_{ww} = \begin{bmatrix} \Sigma_{yy} & 0 \\ 0 & \Sigma_{zz} \end{bmatrix}$ となる．よって，命題 2.6 から

$$\begin{aligned}
E\{x \mid w\} &= \bar{x} + \Sigma_{xw}\Sigma_{ww}^{-1}(w - \bar{w}) \\
&= \bar{x} + [\Sigma_{xy} \ \Sigma_{xz}] \begin{bmatrix} \Sigma_{yy}^{-1} & 0 \\ 0 & \Sigma_{zz}^{-1} \end{bmatrix} \begin{bmatrix} y - \bar{y} \\ z - \bar{z} \end{bmatrix} \\
&= \bar{x} + \Sigma_{xy}\Sigma_{yy}^{-1}(y - \bar{y}) + \Sigma_{xz}\Sigma_{zz}^{-1}(z - \bar{z}) + \bar{x} - \bar{x} \\
&= E\{x \mid y\} + E\{x \mid z\} - \bar{x}
\end{aligned}$$

が成立する． □

例 2.1. 一般線形回帰モデル

$$y = Hx + v, \qquad x \sim N(\bar{x}, P), \qquad v \sim N(0, R) \tag{2.45}$$

を考える．ただし，$y \in \mathbb{R}^p$, $x \in \mathbb{R}^n$, $v \in \mathbb{R}^p$ であり，かつ x と v は独立であるとする．このとき，結合確率密度関数 $p(x, y)$ を求めよう．

式 (2.45) から $p(y \mid x)$ はつぎの多次元ガウス分布となる．

$$p(y \mid x) = \frac{1}{\sqrt{(2\pi)^p |R|}} e^{-\frac{1}{2}\|y - Hx\|_{R^{-1}}^2}$$

ただし，$\|z\|_{R^{-1}}^2 = z^{\mathrm{T}} R^{-1} z$ である．また $p(x, y) = p(x)p(y \mid x)$ から

$$p(x, y) = \frac{1}{\sqrt{(2\pi)^{n+p} |P||R|}} e^{-\frac{1}{2}\|x - \bar{x}\|_{P^{-1}}^2 - \frac{1}{2}\|y - Hx\|_{R^{-1}}^2} \tag{2.46}$$

を得る．上式の指数部分を ϕ とおくと，

$$\begin{aligned}
-2\phi &= \|x - \bar{x}\|_{P^{-1}}^2 + \|y - Hx\|_{R^{-1}}^2 \tag{2.47} \\
&= \|x - \bar{x}\|_{P^{-1}}^2 + \|y - H\bar{x} - H(x - \bar{x})\|_{R^{-1}}^2 \\
&= \|x - \bar{x}\|_{P^{-1}}^2 + \|y - H\bar{x}\|_{R^{-1}}^2 + \|x - \bar{x}\|_{H^{\mathrm{T}} R^{-1} H}^2 \\
&\quad - (y - H\bar{x})^{\mathrm{T}} R^{-1} H(x - \bar{x}) - (x - \bar{x})^{\mathrm{T}} H^{\mathrm{T}} R^{-1}(y - H\bar{x})
\end{aligned}$$

2.4 多次元ガウス分布

となる．ここで，
$$M^{-1} = P^{-1} + H^{\mathrm{T}} R^{-1} H \tag{2.48}$$
とおくと，

$$\begin{aligned}
-2\phi &= \|x - \bar{x}\|^2_{M^{-1}} + \|y - H\bar{x}\|^2_{R^{-1}} \\
&\quad - (y - H\bar{x})^{\mathrm{T}} R^{-1} H (x - \bar{x}) - (x - \bar{x})^{\mathrm{T}} H^{\mathrm{T}} R^{-1} (y - H\bar{x}) \\
&= [(x - \bar{x})^{\mathrm{T}}\ (y - H\bar{x})^{\mathrm{T}}] \begin{bmatrix} M^{-1} & -H^{\mathrm{T}} R^{-1} \\ -R^{-1} H & R^{-1} \end{bmatrix} \begin{bmatrix} x - \bar{x} \\ y - H\bar{x} \end{bmatrix}
\end{aligned}$$

を得る．よって，上式と式 (2.36) の指数部分を比較すると，

$$\bar{y} = H\bar{x}, \qquad \Sigma^{-1} = \begin{bmatrix} M^{-1} & -H^{\mathrm{T}} R^{-1} \\ -R^{-1} H & R^{-1} \end{bmatrix}$$

が成立する．また，式 (2.36) と式 (2.46) の係数が等しいことから，$|\Sigma| = |P||R|$ を得る．つぎに，演習問題 2.5 の 1 番目の公式を用いて，上の Σ^{-1} を三角行列とブロック対角行列の積に分解すると，

$$\Sigma^{-1} = \begin{bmatrix} I & -H^{\mathrm{T}} \\ 0 & I \end{bmatrix} \begin{bmatrix} P^{-1} & 0 \\ 0 & R^{-1} \end{bmatrix} \begin{bmatrix} I & 0 \\ -H & I \end{bmatrix} \tag{2.49}$$

となる．ここで，式 (2.49) の逆行列を計算すると

$$\Sigma = \begin{bmatrix} I & 0 \\ H & I \end{bmatrix} \begin{bmatrix} P & 0 \\ 0 & R \end{bmatrix} \begin{bmatrix} I & H^{\mathrm{T}} \\ 0 & I \end{bmatrix} = \begin{bmatrix} P & PH^{\mathrm{T}} \\ HP & HPH^{\mathrm{T}} + R \end{bmatrix}$$

を得る．これから，$p(x, y)$ の共分散行列は

$$\Sigma_{xx} = P, \qquad \Sigma_{xy} = PH^{\mathrm{T}}, \qquad \Sigma_{yy} = HPH^{\mathrm{T}} + R \tag{2.50}$$

となる．したがって，

$$p(x, y) \sim N\left(\begin{bmatrix} \bar{x} \\ H\bar{x} \end{bmatrix}, \begin{bmatrix} P & PH^{\mathrm{T}} \\ HP & HPH^{\mathrm{T}} + R \end{bmatrix} \right) \tag{2.51}$$

が成立する．なお，式 (2.50) の関係は上のような計算をすることなく，式 (2.45)

から直接計算することができる.実際,式 (2.45) から

$$\bar{y} = E\{Hx + v\} = H\bar{x}$$
$$\Sigma_{xy} = E\{(x-\bar{x})(y-\bar{y})^{\mathrm{T}}\} = PH^{\mathrm{T}}$$
$$\Sigma_{yy} = E\{(y-\bar{y})(y-\bar{y})^{\mathrm{T}}\} = HPH^{\mathrm{T}} + R$$

を得る.また独立なガウス確率ベクトルの和がガウス分布になることは特性関数を用いて証明できる. □

例 2.2. 式 (2.51) から $p(y)$ および $p(x \mid y)$ を求め,結合確率密度関数 $p(x,y)$ の別表現を与えよう.まず,式 (2.50) の共分散行列を用いて,

$$K = \Sigma_{xy}\Sigma_{yy}^{-1} = PH^{\mathrm{T}}V^{-1}, \qquad V = HPH^{\mathrm{T}} + R \qquad (2.52)$$

とおく.M の定義式 (2.48) を用いると,$K = PH^{\mathrm{T}}V^{-1} = MH^{\mathrm{T}}R^{-1}$ が成立する.これらの関係は逆行列補題(演習問題 2.6(c) 参照)である.

$p(x,y)$ が式 (2.51) で与えられるとき,式 (2.38) および式 (2.39) から

$$p(y) = \frac{1}{\sqrt{(2\pi)^p|V|}} e^{-\frac{1}{2}\|y - H\bar{x}\|_{V^{-1}}^2}$$

および

$$p(x \mid y) = \frac{1}{\sqrt{(2\pi)^n|M|}} e^{-\frac{1}{2}\|x - \alpha\|_{M^{-1}}^2}$$

を得る.ただし,$\alpha = \bar{x} + K(y - H\bar{x})$ である.したがって,

$$p(x,y) = \frac{1}{\sqrt{(2\pi)^{n+p}|M||V|}} e^{-\frac{1}{2}\|x-\alpha\|_{M^{-1}}^2 - \frac{1}{2}\|y-H\bar{x}\|_{V^{-1}}^2} \qquad (2.53)$$

が成立する. □

式 (2.46) と式 (2.53) から,式 (2.3) と式 (2.4) の右辺が互いに等しいというスカラーの場合の結果を多次元に拡張した有用な恒等式を得る.この恒等式は,第 3 章においてカルマンフィルタおよびスムーザを誘導する際に繰り返し用いられるものである.

命題 2.9. 恒等式

$$\|x-\bar{x}\|_{P^{-1}}^2 + \|y-Hx\|_{R^{-1}}^2 = \|x-\alpha\|_{M^{-1}}^2 + \|y-H\bar{x}\|_{V^{-1}}^2 \tag{2.54}$$

が成立する. ただし,

$$\alpha = \bar{x} + PH^{\mathrm{T}}V^{-1}(y - H\bar{x}) \tag{2.55}$$
$$V = HPH^{\mathrm{T}} + R \tag{2.56}$$
$$M = P - PH^{\mathrm{T}}V^{-1}HP \tag{2.57}$$

である. また行列式に関して $|P||R| = |M||V|$ が成立する.

証明 式 (2.46) と式 (2.53) は同じ $p(x,y)$ の異なる表現である. 両式を比較することによって, 式 (2.54) および $|P||R| = |M||V|$ を得る. 式 (2.55) は式 (2.52) から直ちに得られる. 演習問題 2.6(c) において, $A = P^{-1}$, $B = H^{\mathrm{T}}$, $C = H$, $D = R$ とおくと,

$$M = (H^{\mathrm{T}}R^{-1}H + P^{-1})^{-1} = P - PH^{\mathrm{T}}(HPH^{\mathrm{T}} + R)^{-1}HP$$

が成立するので, 式 (2.57) を得る (もちろん, 式 (2.54) の左辺を x について微分して 0 とおけば, 式 (2.55) ~ (2.57) を得る). □

2.5 非線形要素の等価線形化

本節では, 非線形要素の等価線形化 (equivalent linearization) について考察する. $x \in \mathbb{R}^n$, $y \in \mathbb{R}^p$ を確率ベクトルとして, 非線形変換 $y = g(x)$ を考える. ただし, $g : \mathbb{R}^n \to \mathbb{R}^p$ である. また x, y の平均値および共分散行列はそれぞれ式 (2.34) および式 (2.35) で与えられ, $\Sigma_{xx} > 0$ と仮定する. ここで, 図 2.2 に示すような非線形関数 $y = g(x)$ の線形不偏最小分散推定値 $\hat{y} = Ax + b$, $A \in \mathbb{R}^{p \times n}$, $b \in \mathbb{R}^p$ を求めてみよう.

推定誤差は $e = y - Ax - b$ であるから, 問題は 2 乗誤差

$$J = E\{e^{\mathrm{T}}e\} = \mathrm{trace}(E\{ee^{\mathrm{T}}\})$$

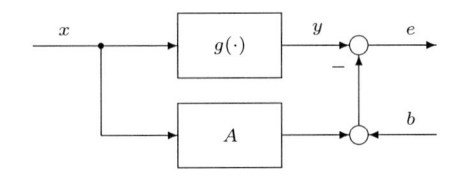

図 2.2 非線形要素の線形近似

を最小にする (A, b) を求めることである.まず $E\{e\} = 0$ であるから

$$E\{y - Ax - b\} = 0 \quad \to \quad \mu_y = A\mu_x + b$$

を得る.ただし,$E\{x\} = \mu_x$, $E\{y\} = \mu_y$ である.よって,$b = \mu_y - A\mu_x$ を用いると,$e = y - \mu_y - A(x - \mu_x)$ となるので

$$\begin{aligned}
J(A) &= \mathrm{trace}\Big(E\left[y - \mu_y - A(x - \mu_x)\right]\left[y - \mu_y - A(x - \mu_x)\right]^{\mathrm{T}}\Big) \\
&= \mathrm{trace}\Big(\Sigma_{yy} - A\Sigma_{xy} - \Sigma_{yx}A^{\mathrm{T}} + A\Sigma_{xx}A^{\mathrm{T}}\Big) \quad (2.58)
\end{aligned}$$

を得る.ここで,$A_0 = \Sigma_{yx}\Sigma_{xx}^{-1}$ と定義し,$K \in \mathbb{R}^{p \times n}$ を任意の行列とする.このとき,$A = A_0 + K$ とおくと,式 (2.58) から次式を得る.

$$\begin{aligned}
J(A_0 + K) &= \mathrm{trace}\Big(\Sigma_{yy} - (A_0 + K)\Sigma_{xy} - \Sigma_{yx}(A_0 + K)^{\mathrm{T}} \\
&\qquad + (A_0 + K)\Sigma_{xx}(A_0 + K)^{\mathrm{T}}\Big) \\
&= \mathrm{trace}\Big(\Sigma_{yy} - \Sigma_{yx}\Sigma_{xx}^{-1}\Sigma_{xy} + K\Sigma_{xx}K^{\mathrm{T}}\Big)
\end{aligned}$$

ただし,上式では $A_0\Sigma_{xx} = \Sigma_{yx}$ から K の 1 次の項が 0 となることを用いた.$K \neq 0$ であれば,$\Sigma_{xx} > 0$ より $\mathrm{trace}(K\Sigma_{xx}K^{\mathrm{T}}) > 0$ となるので,$K = 0$ のとき上式は最小となり,$A = A_0$ を得る.よって,最適な A, b は

$$A = \Sigma_{yx}\Sigma_{xx}^{-1}, \qquad b = \mu_y - \Sigma_{yx}\Sigma_{xx}^{-1}\mu_x \quad (2.59)$$

となる.すなわち,$g(x)$ の線形最適推定値は次式で与えられる.

$$\hat{y} = \mu_y + \Sigma_{yx}\Sigma_{xx}^{-1}(x - \mu_x) \quad (2.60)$$

以上で,A, b が求まったわけであるが,具体的に A, b の値を計算するには

2.5 非線形要素の等価線形化

(x,y) の結合確率分布が必要である．仮に x の確率分布が与えられたとしても，$y = g(x)$ は非線形関数であるから，$\mu_y = E\{g(x)\}$, $\Sigma_{yx} = E\{g(x)(x-\mu_x)^{\mathrm{T}}\}$ を計算することは一般に非常に難しい．

1950年代の中頃から，非線形要素の統計的等価線形化法に関する研究が始まり，非線形不規則振動の分野では研究は継続的に行われている．また5.4節で述べるようにこれを利用した等価線形化カルマンフィルタ EqKF の研究が発表されている[11,42,90]．

x がガウス分布に従い，かつ $g(x)$ が x の多項式の場合には例外的に式 (2.59) の A, b が計算できる．簡単な例を示そう．

例 2.3. $x \sim N(\mu, \sigma^2)$ とする．このとき，x のモーメントに関して

$$E\{(x-\mu)^i\} = \begin{cases} 1 \cdot 3 \cdots (2k-1)\sigma^{2k}, & i = 2k \text{ (偶数)} \\ 0, & i = 2k-1 \text{ (奇数)} \end{cases}$$

が成立する[5]．非線形関数を $y = g(x) = x^3$ とすると，上の公式から

$$\begin{aligned}
\mu_y &= E(y) = E((x-\mu)+\mu)^3 \\
&= E(x-\mu)^3 + 3\mu E(x-\mu)^2 + 3\mu^2 E(x-\mu) + \mu^3 \\
&= \mu^3 + 3\mu\sigma^2 \\
\sigma_{yx} &= E[(y-\mu_y)(x-\mu)] = E[(x^3 - 3\mu\sigma^2 - \mu^3)(x-\mu)] \\
&= E(x-\mu)^4 + 3\mu E(x-\mu)^3 + 3\mu^2 E(x-\mu)^2 + \mu^3 E(x-\mu) \\
&= 3\mu^2\sigma^2 + 3\sigma^4 \\
\sigma_y^2 &= E(y^2) - \mu_y^2 = E(x^6) - (3\mu\sigma^2 + \mu^3)^2 \\
&= E(x-\mu)^6 + 15\mu^2 E(x-\mu)^4 + 15\mu^4 E(x-\mu)^2 + \mu^6 \\
&\quad - 9\mu^2\sigma^4 - 6\mu^4\sigma^2 - \mu^6 \\
&= 15\sigma^6 + 45\mu^2\sigma^4 + 15\mu^4\sigma^2 + \mu^6 - 9\mu^2\sigma^4 - 6\mu^4\sigma^2 - \mu^6 \\
&= 9\mu^4\sigma^2 + 36\mu^2\sigma^4 + 15\sigma^6
\end{aligned}$$

を得る．したがって，

となるので,最適線形近似式は

$$\hat{y}(x) = \mu^3 + 3\mu\sigma^2 + (3\mu^2 + 3\sigma^2)(x - \mu)$$

で与えられる.また誤差の 2 乗平均値は $E\{e^2\} = 6\sigma^6 + 18\mu^2\sigma^4$ となる. □

一般の分布や一般の非線形関数の場合には,このような計算を行うことは不可能である.しかし,サンプルデータを利用して,未知パラメータ A, b を計算する方法が考えられる.以下では,(x, y) に関するサンプルデータが与えられている場合を考える.

例 2.4. 非線形関数を $y = g(x)$ とする.いま N 個の点 $\{x_i, i = 1, \cdots, N\}$ に対応する出力点 $\{y_i, i = 1, \cdots, N\}$ が与えられているとする.このデータに対して,サンプル平均値とサンプル共分散行列を

$$\bar{x} = \frac{1}{N}\sum_{i=1}^{N} x_i, \qquad \bar{y} = \frac{1}{N}\sum_{i=1}^{N} y_i$$

および

$$S_{xx} = \frac{1}{N}\sum_{i=1}^{N}(x_i - \bar{x})(x_i - \bar{x})^{\mathrm{T}}$$

$$S_{xy} = \frac{1}{N}\sum_{i=1}^{N}(x_i - \bar{x})(y_i - \bar{y})^{\mathrm{T}} = S_{yx}^{\mathrm{T}}$$

$$S_{yy} = \frac{1}{N}\sum_{i=1}^{N}(y_i - \bar{y})(y_i - \bar{y})^{\mathrm{T}}$$

と定義する.このとき,最小 2 乗推定問題

$$J = \frac{1}{N}\sum_{i=1}^{N} e_i^{\mathrm{T}} e_i = \frac{1}{N}\sum_{i=1}^{N}(y_i - Ax_i - b)^{\mathrm{T}}(y_i - Ax_i - b) \to \min_{A, b}$$

を考える.上式を b について微分して 0 とおくと,

2.5 非線形要素の等価線形化

$$\frac{1}{N}\sum_{i=1}^{N}(y_i - Ax_i - b) = 0 \quad \rightarrow \quad \bar{y} = A\bar{x} + b$$

を得る．$b = \bar{y} - A\bar{x}$ を用いると，

$$J = \mathrm{trace}\left(\frac{1}{N}\sum_{i=1}^{N}[y_i - \bar{y} + A(x_i - \bar{x})][y_i - \bar{y} + A(x_i - \bar{x})]^{\mathrm{T}}\right)$$

$$= \mathrm{trace}\left(S_{yy} - AS_{xy} - S_{yx}A^{\mathrm{T}} + AS_{xx}A^{\mathrm{T}}\right)$$

となる．上式は式 (2.58) と同じ形をしているので，最適解は $A = S_{yx}S_{xx}^{-1}$，$b = \bar{y} - S_{yx}S_{xx}^{-1}\bar{x}$ で与えられる．したがって，サンプルデータを利用した $y = g(x)$ の最小 2 乗推定値は

$$\hat{y} = \bar{y} + S_{yx}S_{xx}^{-1}(x - \bar{x}) \tag{2.61}$$

となる． □

上の計算はもちろん最小 2 乗法の計算そのものである．式 (2.60) と比較すると，式 (2.61) では理論的な平均値と共分散行列がそれぞれデータから計算されるサンプル平均値とサンプル共分散行列によって置き換えられている．大数の法則によって，サンプル点が独立でその数が増加すると，サンプル平均値 $\bar{x}, \bar{y}$ およびサンプル共分散行列 S_{xx}, S_{xy} はそれぞれ真値に収束するので，式 (2.61) の解は式 (2.60) の解に近づく．

非線形関数 $y = g(x)$ が既知であれば，サンプル点 $\{y_i, i = 1, \cdots, N\}$ は

$$y_i = g(x_i), \qquad i = 1, \cdots, N$$

で与えられることに注意しよう．すなわち，$y = g(x)$ が与えられていれば，サンプル点 $\{y_i, i = 1, \cdots, N\}$ はサンプル点 $\{x_i, i = 1, \cdots, N\}$ から計算できる．したがって，関数 g の最小 2 乗近似を求めるにはサンプル点 $\{x_i, i = 1, \cdots, N\}$ のみを与えればよいことがわかる．

第 6 章で考察する UKF で用いられる Unscented 変換（UT）は，ランダムなサンプル点ではなく σ 点という確定的なサンプル点を用いて非線形システムの出力の平均値と共分散行列を評価する近似手法である．

2.6 ノ ー ト

- 2.1 節の計算は非常に簡単なものであるが，これ以降のすべての計算の原型となるものであり，よく理解しておく必要がある．2.2 節のベイズ推定の基本事項は，Anderson-Moore[24]，Bryson-Ho[31] が参考になる．
- 2.3 節は Cramér[35] および Van Trees[94] を参考にして，2 つの情報行列と関連した 2 つのクラメール・ラオ不等式を紹介した．ベイズ推定値に対する命題 2.4 の証明の方が不偏推定値に対する命題 2.2 の証明より少し難しい．第 4 章では命題 2.4 の結果を利用して，非線形フィルタの推定誤差共分散行列の下限を評価する方法を与える．
- 2.4 節の多次元ガウス分布に関しては，詳しくは Cramér[35]，Anderson[23] などを参照されたい．命題 2.9 の式 (2.54) 〜 (2.57) は逆行列補題とともに，第 3 章においてカルマンフィルタのアルゴリズムを導出するために繰り返し用いられる．
- 2.5 節では，5.4 節で説明する等価線形化カルマンフィルタ EqKF[11,42,90] に対する基本的な考え方を述べた．統計的な線形化法の新しい解釈については，Lefebvre 他[71]，Arasaratnam 他[25] などを参照されたい．

2.7 演 習 問 題

2.1 未知パラメータ θ に関して，2 つの観測値 y_1, y_2 が得られたとする．
$$y_1 = \theta + v_1, \quad y_2 = \theta + v_2$$
ただし，θ は定数（確率変数でない），v_1, v_2 は平均値 0 の白色雑音であり，かつ $E\{v_1^2\} = \sigma_1^2$，$E\{v_2^2\} = \sigma_2^2$，$E\{v_1 v_2\} = 0$ とする．
　このとき，θ の推定値として，$\hat{\theta} = k_1 y_1 + k_2 y_2$ を考える．(a) $\hat{\theta}$ が不偏推定値となるように k_1, k_2 を定めよ．(b) 推定誤差の分散を最小にする k_1, k_2 およびそのときの分散の値を求めよ．

2.2 式 (2.2) のモデルに対して，命題 2.7 を適用して式 (2.7) の m を求めよ．

2.3 つぎの線形モデルを考える．

$$y = x + v$$

ここに，x は確率 $1/2$ で ± 1 の値をとる確率変数，$v \sim N(0,1)$ は x とは独立であると仮定する．

 (a) y の条件つき確率密度関数 $p(y \mid x=1)$, $p(y \mid x=-1)$ を求めよ．

 (b) x の最小分散推定値は $\hat{x}_{\text{MMSE}} = \tanh(y)$ となることを示せ．

 (c) MAP 推定値 $\hat{x}_{\text{MAP}}$ を求め，この場合 $\hat{x}_{\text{MMSE}}$ と $\hat{x}_{\text{MAP}}$ のどちらが望ましいか考察せよ．

2.4 式 (2.39) のガウス確率密度関数 $p(x \mid y)$ に対して，情報行列 J を式 (2.25) によって計算せよ．

2.5 つぎの公式を証明せよ．ただし，逆行列の存在は仮定する．

$$\begin{bmatrix} A & B \\ C & D \end{bmatrix} = \begin{bmatrix} I & BD^{-1} \\ 0 & I \end{bmatrix} \begin{bmatrix} A - BD^{-1}C & 0 \\ 0 & D \end{bmatrix} \begin{bmatrix} I & 0 \\ D^{-1}C & I \end{bmatrix}$$

$$= \begin{bmatrix} I & 0 \\ CA^{-1} & I \end{bmatrix} \begin{bmatrix} A & 0 \\ 0 & D - CA^{-1}B \end{bmatrix} \begin{bmatrix} I & A^{-1}B \\ 0 & I \end{bmatrix}$$

ここで，$\Delta = D - CA^{-1}B$ および $\Pi = A - BD^{-1}C$ はブロック行列における A および D のシュール補行列（Schur complement）である[88]．

2.6 上の関係式を利用して，つぎの公式を証明せよ．

 (a) $|A||D - CA^{-1}B| = |D||A - BD^{-1}C|$

 (b) 逆行列に関する公式

$$\begin{bmatrix} A & B \\ C & D \end{bmatrix}^{-1} = \begin{bmatrix} A^{-1} + A^{-1}B\Delta^{-1}CA^{-1} & -A^{-1}B\Delta^{-1} \\ -\Delta^{-1}CA^{-1} & \Delta^{-1} \end{bmatrix}$$

$$= \begin{bmatrix} \Pi^{-1} & -\Pi^{-1}BD^{-1} \\ -D^{-1}C\Pi^{-1} & D^{-1} + D^{-1}C\Pi^{-1}BD^{-1} \end{bmatrix}$$

 (c) 逆行列補題

$$[A + BD^{-1}C]^{-1} = A^{-1} - A^{-1}B[D + CA^{-1}B]^{-1}CA^{-1}$$

2.7 式 (2.37) および式 (2.42) を証明せよ．

3

カルマンフィルタ

ベイズ推定の方法によってガウス白色雑音を受ける線形確率システムに対するカルマンフィルタおよびカルマンスムーザのアルゴリズムを導き，簡単な数値例を示す．計算には命題 2.9 と逆行列補題を繰り返し使用する．

3.1 線形確率システム

状態空間モデルで表される線形確率システム

$$x_{t+1} = F_t x_t + G_t w_t \tag{3.1}$$

$$y_t = H_t x_t + v_t, \quad t = 0, 1, \cdots \tag{3.2}$$

について考察する（図 3.1）．ここに，$x_t \in \mathbb{R}^n$ は状態ベクトル，$y_t \in \mathbb{R}^p$ は観測ベクトル，$w_t \in \mathbb{R}^m$ および $v_t \in \mathbb{R}^p$ はガウス白色雑音ベクトルである．また，$F_t \in \mathbb{R}^{n \times n}$ は遷移行列，$G_t \in \mathbb{R}^{n \times m}$ は駆動行列，$H_t \in \mathbb{R}^{p \times n}$ は観測行列であり，時刻 t に依存しているとする．式 (3.1) は状態ベクトル x_t の時間推移

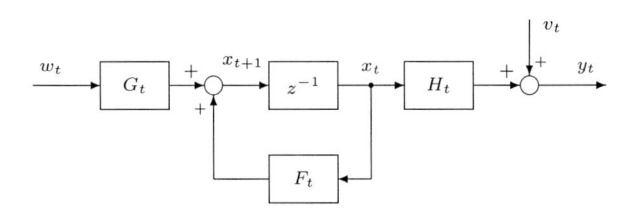

図 3.1　線形確率システム

を表す動的システムであり，式 (3.2) は状態ベクトル x_t と出力ベクトル y_t の関係を表す観測方程式である．また雑音 w_t, v_t の平均値は 0，共分散行列は

$$E\left\{\begin{bmatrix} w_t \\ v_t \end{bmatrix} \begin{bmatrix} w_s^{\mathrm{T}} & v_s^{\mathrm{T}} \end{bmatrix}\right\} = \begin{bmatrix} Q_t & 0 \\ 0 & R_t \end{bmatrix} \delta_{ts}, \quad R_t > 0 \quad (3.3)$$

であるとする．ただし，δ_{ts} はクロネッカーのデルタである（$\delta_{ts} = 1, t = s; \delta_{ts} = 0, t \neq s$）．また初期値 x_0 は $N(\bar{x}_0, P_0)$ に従うガウス確率ベクトルであり，かつ雑音とは無相関，すなわち $E\{w_t x_0^{\mathrm{T}}\} = 0$，$E\{v_t x_0^{\mathrm{T}}\} = 0$，$t = 0, 1, \cdots$ と仮定する．

ここで，推移行列

$$\Phi(t, s) = \begin{cases} F_{t-1} \cdots F_s, & t > s \\ I, & t = s \end{cases}$$

を定義すると，任意の $\tau \leq s \leq t$ に対して，$\Phi(t, \tau) = \Phi(t, s)\Phi(s, \tau)$ が成立する．このとき，式 (3.1) の解は

$$x_t = \Phi(t, s) x_s + \sum_{i=s}^{t-1} \Phi(t, i+1) G_i w_i, \quad t \geq s \geq 0 \quad (3.4)$$

と表すことができる．この表現を用いると，式 (3.1) 〜 (3.3) で表される x_t, y_t の統計的性質を導くことができる．詳しくは拙著[6]2.7 節を参照されたい．

1) 式 (3.1) の $x_t, t = 0, 1, \cdots$ はガウス・マルコフ過程である．
2) 式 (3.2) の $y_t, t = 0, 1, \cdots$ はガウス過程である．y_t は単独ではマルコフ過程ではないが，結合過程 (x_t, y_t) はマルコフ過程である．
3) 状態ベクトルを適切に定義することによって，AR モデルや ARMA モデルなど多くの時系列モデルもこのような状態空間モデルによって表すことができる．

基本的な時系列モデルと状態空間モデルの関係を見てみよう．

例 3.1. 白色雑音 $w_t, t = 0, 1, 2, \cdots$ の部分和を

$$x_t = w_0 + w_1 + \cdots + w_{t-1}, \quad x_0 = 0 \quad (3.5)$$

とおくと，$x_t, t = 0, 1, \cdots$ はガウス過程となる．このような x_t をランダムウォーク（あるいはブラウン運動）という．ランダムウォークは

$$x_{t+1} = x_t + w_t, \qquad x_0 = 0$$

と表すことができる．図 3.2 にはコンピュータで発生させた平均値 0，分散 1 のガウス白色雑音 w_t およびランダムウォーク x_t の見本過程を示す． □

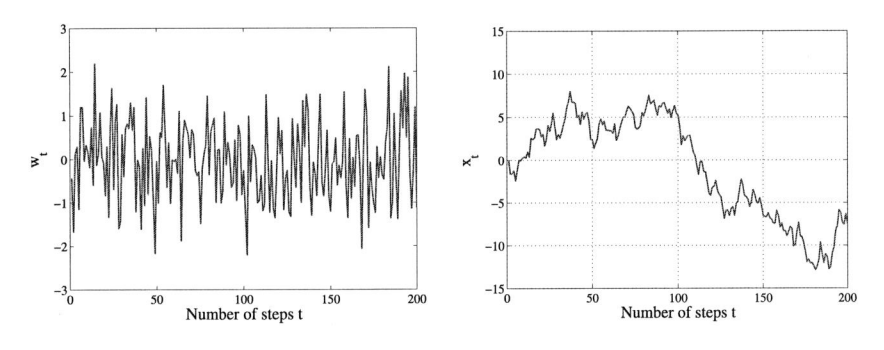

図 3.2 白色雑音 w_t およびランダムウォーク x_t の見本過程

例 3.2.（AR モデル）次式で与えられるモデルを n 次 AR モデルという．

$$y_t = a_1 y_{t-1} + \cdots + a_n y_{t-n} + w_t, \quad t = 1, 2, \cdots \tag{3.6}$$

ここに，$a_1, \cdots, a_n$ は係数，w_t は平均値 0，分散 σ^2 のガウス白色雑音である．n 次 AR モデルを略して AR(n) モデルという．AR(2) モデル

$$y_t = a_1 y_{t-1} + a_2 y_{t-2} + w_t$$

を状態空間モデルに変換しよう．状態ベクトルを $x_t := \begin{bmatrix} y_{t-1} \\ y_t \end{bmatrix}$ と定義すると，$y_t = [0\ 1] x_t$ となる．また

$$\begin{aligned}
x_{t+1} &= \begin{bmatrix} y_t \\ y_{t+1} \end{bmatrix} = \begin{bmatrix} y_t \\ a_1 y_t + a_2 y_{t-1} + w_{t+1} \end{bmatrix} \\
&= \begin{bmatrix} 0 & 1 \\ a_2 & a_1 \end{bmatrix} \begin{bmatrix} y_{t-1} \\ y_t \end{bmatrix} + \begin{bmatrix} 0 \\ 1 \end{bmatrix} w_{t+1}
\end{aligned}$$

を得る．よって，状態空間モデルは

$$x_{t+1} = \begin{bmatrix} 0 & 1 \\ a_2 & a_1 \end{bmatrix} x_t + \begin{bmatrix} 0 \\ 1 \end{bmatrix} \tilde{w}_t \tag{3.7a}$$

$$y_t = [0 \quad 1] x_t \tag{3.7b}$$

となる．ただし，$\tilde{w}_t = w_{t+1}$ であり，システム雑音の時刻をずらすために別の記号を用いた．これ以外にも，AR(2) モデルの状態空間モデルとしては

$$\xi_{t+1} = \begin{bmatrix} 0 & a_2 \\ 1 & a_1 \end{bmatrix} \xi_t + \begin{bmatrix} a_2 \\ a_1 \end{bmatrix} w_t \tag{3.8a}$$

$$y_t = [0 \quad 1] \xi_t + w_t \tag{3.8b}$$

がある．このように，同じ AR(2) モデルを表現する複数（無数）の状態空間モデルが存在する． □

式 (3.8) では，観測雑音が $v_t = w_t$ とシステム雑音と同じである．この場合には，式 (3.3) のすべての要素が Q_t となるが，これはイノベーションモデル[6,24]と呼ばれる状態空間モデルである [式 (3.27), (3.28) 参照].

図 3.3 には，AR(1) および AR(2) モデル

AR(1): $\quad y_t = 0.9 y_{t-1} + w_t, \quad y_0 = 0$

AR(2): $\quad y_t = 1.6 y_{t-1} - 0.7 y_{t-2} + w_t, \quad y_0 = y_1 = 0$

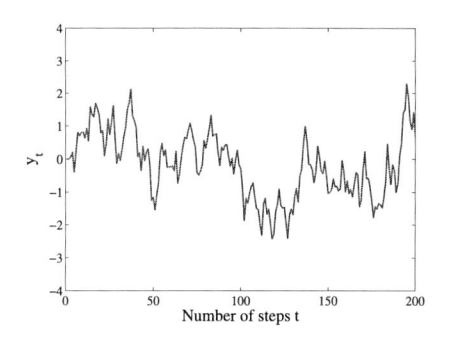

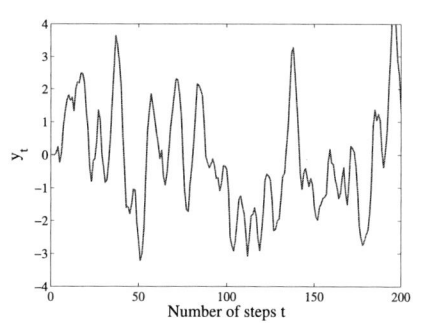

図 **3.3** AR(1) および AR(2) モデルの見本過程

によって発生した時系列 $y_t, t = 0, 1, \cdots, 200$ を示す．ただし，雑音の分散は $\sigma^2 = 0.25$ である．同じガウス白色雑音を用いているために，これら2つの波形は振幅と滑らかさにおいて異なっているが，波形の動きはかなり類似したものとなっている．

以下では，式 (3.3) のように雑音 w_t と v_t は無相関と仮定するが，この仮定が成立しない場合の取り扱いは後述する（3.4.4 項）．

3.2 最小分散推定

時刻 0 から t までの観測データを $Y^t = \{y_0, \cdots, y_t\}$ とおく．このとき，明らかに $Y^s \subset Y^t, s \leq t$ が成り立つ．つぎの状態推定問題を考える．

【状態推定問題】 観測データ Y^t に基づいて，時刻 $t+m$ における状態ベクトル x_{t+m} の最小分散推定値を求めよ．すなわち，ベイズリスク

$$J = E\{\|x_{t+m} - \hat{x}_{t+m/t}\|^2\} \tag{3.9}$$

を最小にする $\hat{x}_{t+m/t}$ を与えるフィルタを設計せよ． □

式 (2.11) から，式 (3.9) を最小にするベイズ推定値 $\hat{x}_{t+m/t}$ は Y^t に関する x_{t+m} の条件つき期待値で与えられる．

$$\hat{x}_{t+m/t} = E\{x_{t+m} \mid Y^t\} = \int_{\mathbb{R}^n} x_{t+m} p(x_{t+m} \mid Y^t) dx_{t+m}$$

推定問題は $m > 0, m = 0, m < 0$ に従って，それぞれ予測（prediction）問題，濾波（filtering）問題，平滑（smoothing）問題となる．以下では，主として $m = 0$（フィルタリング）と $m = 1$（1段予測推定）の場合を考察する．

3.3 条件つき確率密度関数

つぎの命題は条件つき確率密度関数の時間的な推移 $p(x_t \mid Y^{t-1}) \to p(x_t \mid Y^t) \to p(x_{t+1} \mid Y^t)$ を与える関数方程式である．

命題 3.1. 条件つき確率密度関数 $p(x_t \mid Y^t)$ および $p(x_{t+1} \mid Y^t)$ の更新式は以下のようになる.

(i) 観測更新ステップ

$$p(x_t \mid Y^t) = \frac{p(y_t \mid x_t)p(x_t \mid Y^{t-1})}{p(y_t \mid Y^{t-1})} \tag{3.10}$$

(ii) 時間更新ステップ

$$p(x_{t+1} \mid Y^t) = \int_{\mathbb{R}^n} p(x_{t+1} \mid x_t)p(x_t \mid Y^t)dx_t \tag{3.11}$$

証明 (i) $Y^t = \{Y^{t-1}, y_t\}$ であるから，ベイズの定理を用いると

$$p(x_t \mid Y^t) = \frac{p(x_t, y_t, Y^{t-1})}{p(y_t, Y^{t-1})} = \frac{p(y_t \mid x_t, Y^{t-1})p(x_t \mid Y^{t-1})}{p(y_t \mid Y^{t-1})}$$

となる．式 (3.2) から y_t は x_t が与えられると，過去のデータ Y^{t-1} とは独立であるから，$p(y_t \mid x_t, Y^{t-1}) = p(y_t \mid x_t)$ が成立する．よって，

$$p(x_t \mid Y^t) = \frac{p(y_t \mid x_t)p(x_t \mid Y^{t-1})}{p(y_t \mid Y^{t-1})}$$

を得る．これで式 (3.10) が証明された．(ii) 再びベイズの定理から

$$p(x_{t+1} \mid Y^t) = \int_{\mathbb{R}^n} p(x_{t+1}, x_t \mid Y^t)dx_t$$
$$= \int_{\mathbb{R}^n} p(x_{t+1} \mid x_t, Y^t)p(x_t \mid Y^t)dx_t$$

となる．式 (3.3) から w_t と v_t は独立であるので，式 (3.1) から x_{t+1} は x_t が与えられるとデータ Y^t とは独立となるので，$p(x_{t+1} \mid x_t, Y^t) = p(x_{t+1} \mid x_t)$ が成立する．よって，式 (3.11) が証明された． □

観測更新および時間更新ステップはそれぞれ濾波および 1 段予測ステップに対応する．これらの方程式を解くには初期分布を必要とするが，仮定から初期分布は $x_0 \sim N(\bar{x}_0, P_0)$ である．

3.4 カルマンフィルタ

本節ではベイズの定理を用いて式 (3.10), (3.11) の条件つき確率密度関数を求めるという方法で, カルマンフィルタのアルゴリズムを導く. 観測値は $t = 0, 1, \cdots$ の順に得られるものとする.

3.4.1 観測更新ステップ

まず $t = 0$ において観測値 y_0 が得られると, $Y^0 = \{y_0\}$ となる. x_0 の事前分布に関する仮定から $p(x_0) = N(x_0 \mid \bar{x}_0, P_0)$, また式 (3.2) の観測方程式から $p(y_0 \mid x_0) = N(y_0 \mid H_0 x_0, R_0)$ となるので, 式 (3.10) 右辺の分子は

$$p(y_0 \mid x_0)p(x_0) = \frac{1}{c} e^{-\frac{1}{2}\|y_0 - H_0 x_0\|^2_{R_0^{-1}} - \frac{1}{2}\|x_0 - \bar{x}_0\|^2_{P_0^{-1}}} \quad (3.12)$$

となる. ただし, $c = \sqrt{(2\pi)^p |R_0|}\sqrt{(2\pi)^n |P_0|}$ である. ここで, 式 (3.12) の結合確率密度関数を $p(x_0 \mid y_0)p(y_0)$ の形に表そう. そのために, 式 (3.12) 右辺の指数部を ϕ_f とおくと,

$$-2\phi_f = \|x_0 - \bar{x}_0\|^2_{P_0^{-1}} + \|y_0 - H_0 x_0\|^2_{R_0^{-1}} \quad (3.13)$$

となる. 式 (2.54) 左辺と上式右辺の間には対応関係

$$x = x_0, \qquad \bar{x} = \bar{x}_0, \qquad y = y_0$$
$$H = H_0, \qquad P = P_0, \qquad R = R_0$$

がある. よって, 命題 2.9 から, 式 (3.13) は

$$-2\phi_f = \|x_0 - \alpha\|^2_{M_0^{-1}} + \|y_0 - H_0 \bar{x}_0\|^2_{V_0^{-1}} \quad (3.14)$$

に等しい. ただし, α, V_0, M_0 は

$$\alpha = \bar{x}_0 + P_0 H_0^{\mathrm{T}} V_0^{-1}(y_0 - H_0 \bar{x}_0)$$
$$V_0 = H_0 P_0 H_0^{\mathrm{T}} + R_0$$
$$M_0 = P_0 - P_0 H_0^{\mathrm{T}} V_0^{-1} H_0 P_0$$

で与えられる．さらに，$|P_0||R_0| = |V_0||M_0|$ が成立する．

よって，式 (3.12) は以下のようになる．

$$p(y_0 \mid x_0)p(x_0) = \frac{1}{c}e^{-\frac{1}{2}\|x_0-\alpha\|^2_{M_0^{-1}} - \frac{1}{2}\|y_0-H_0\bar{x}_0\|^2_{V_0^{-1}}}$$

ただし，$c = \sqrt{(2\pi)^n|M_0|}\sqrt{(2\pi)^p|V_0|}$ である．上式を x_0 について積分すると，

$$p(y_0) = \frac{1}{\sqrt{(2\pi)^p|V_0|}}e^{-\frac{1}{2}\|y_0-H_0\bar{x}_0\|^2_{V_0^{-1}}}$$

を得る．よって，式 (3.10) から次式が成立する．

$$p(x_0 \mid Y^0) = \frac{1}{\sqrt{(2\pi)^n|M_0|}}e^{-\frac{1}{2}\|x_0-\alpha\|^2_{M_0^{-1}}} \tag{3.15}$$

すなわち，事後確率密度関数 $p(x_0 \mid Y^0)$ はガウス分布 $N(\alpha, M_0)$ に従う．明らかに，α は条件つき期待値 $\alpha = E\{x_0 \mid Y^0\} = \hat{x}_0$ である．

以上によって，データ Y^0 に基づく状態ベクトル x_0 の濾波推定値は

$$\hat{x}_0 = \bar{x}_0 + K_0(y_0 - H_0\bar{x}_0) \tag{3.16}$$

となる．ただし，

$$K_0 = P_0 H_0^{\mathrm{T}}(H_0 P_0 H_0^{\mathrm{T}} + R_0)^{-1} \tag{3.17}$$

は $t = 0$ におけるカルマンゲインである．また，濾波推定誤差共分散行列は

$$M_0 = P_0 - P_0 H_0^{\mathrm{T}}(H_0 P_0 H_0^{\mathrm{T}} + R_0)^{-1} H_0 P_0 \tag{3.18}$$

となる．式 (3.16)～(3.18) が観測更新ステップ $[\bar{x}_0, P_0, y_0] \to [\hat{x}_0, M_0]$ である．

3.4.2 時間更新ステップ

Y^0 に基づいて，時刻 $t = 1$ における x_1 の最適予測値と誤差共分散行列を計算しよう．式 (3.11) において，$t = 0$ とおくと，

$$p(x_1 \mid Y^0) = \int p(x_1 \mid x_0)p(x_0 \mid Y^0)dx_0 \tag{3.19}$$

を得る．$W_0 = G_0 Q_0 G_0^{\mathrm{T}}$ とおくと，式 (3.1) から

$$p(x_1 \mid x_0) = \frac{1}{\sqrt{(2\pi)^n |W_0|}} e^{-\frac{1}{2}\|x_1 - F_0 x_0\|^2_{W_0^{-1}}} \tag{3.20}$$

となる.式 (3.19) の被積分関数の指数部を ϕ_p とおくと,式 (3.15),(3.20) から

$$-2\phi_p = \|x_0 - \hat{x}_0\|^2_{M_0^{-1}} + \|x_1 - F_0 x_0\|^2_{W_0^{-1}} \tag{3.21}$$

を得る[*1].式 (2.54) 左辺と上式を比較すると対応関係

$$x = x_0, \quad \bar{x} = \hat{x}_0, \quad P = M_0$$
$$y = x_1, \quad H = F_0, \quad R = W_0$$

がある.よって,命題 2.9 から

$$-2\phi_p = \|x_0 - \beta\|^2_{U_0^{-1}} + \|x_1 - F_0 \hat{x}_0\|^2_{P_1^{-1}}$$
$$\beta = \hat{x}_0 + M_0 F_0^{\mathrm{T}} P_1^{-1}(x_1 - F_0 \hat{x}_0)$$
$$U_0 = M_0 - M_0 F_0^{\mathrm{T}} P_1^{-1} F_0 M_0$$
$$P_1 = F_0 M_0 F_0^{\mathrm{T}} + W_0$$

を得る.また $|M_0||W_0| = |P_1||U_0|$ が成立する.

したがって,式 (3.19) の被積分関数は

$$p(x_1 \mid x_0) p(x_0 \mid Y^0) = \frac{1}{c} e^{-\frac{1}{2}\|x_0 - \beta\|^2_{U_0^{-1}} - \frac{1}{2}\|x_1 - F_0 \hat{x}_0\|^2_{P_1^{-1}}}$$

となる.ただし,$c = \sqrt{(2\pi)^n |U_0|}\sqrt{(2\pi)^n |P_1|}$ である.上式を x_0 について積分すると,

$$p(x_1 \mid Y^0) = \frac{1}{\sqrt{(2\pi)^n |P_1|}} e^{-\frac{1}{2}\|x_1 - F_0 \hat{x}_0\|^2_{P_1^{-1}}} \tag{3.22}$$

を得る.この条件つき確率密度関数もガウス分布となる.

よって,1 段予測推定値とその誤差共分散行列は

$$\bar{x}_1 = F_0 \hat{x}_0, \quad P_1 = F_0 M_0 F_0^{\mathrm{T}} + G_0 Q_0 G_0^{\mathrm{T}} \tag{3.23}$$

となる.これが時間更新ステップ $[\hat{x}_0, M_0] \to [\bar{x}_1, P_1]$ であり,計算には動的システムのパラメータ F_0, G_0, Q_0 が用いられている.

[*1] W_0 は正定値であると仮定するが,直交射影を用いる証明ではこの仮定は不要である[6].W_0 が非負定値でもフィルタのアルゴリズムの中で問題が生じることはない.

3.4.3 カルマンフィルタのまとめ

$t = 1$ において新たに観測値 y_1 が得られると，データは $Y^1 = \{y_0, y_1\}$ となる．3.4.1 項の観測更新アルゴリズムを $[\bar{x}_1, P_1, y_1]$ に適用すると，$p(x_1 \mid Y^1) = N(x_1 \mid \hat{x}_1, M_1)$ を得る．ただし，

$$\hat{x}_1 = \bar{x}_1 + K_1(y_1 - H_1\bar{x}_1)$$
$$K_1 = P_1 H_1^{\mathrm{T}} (H_1 P_1 H_1^{\mathrm{T}} + R_1)^{-1}$$
$$M_1 = P_1 - K_1 H_1 P_1$$

である．さらに，時間更新アルゴリズムによって，$[\hat{x}_1, M_1]$ から $[\bar{x}_2, P_2]$ を得る．また，$t = 2, 3, \cdots$ おいても，同様のステップが繰り返される．

以下では，通常のカルマンフィルタの記号にならって，濾波推定値と誤差共分散行列を $\hat{x}_{t/t} := \hat{x}_t, P_{t/t} := M_t$，そして 1 段予測推定値と誤差共分散行列を $\hat{x}_{t/t-1} := \bar{x}_t, P_{t/t-1} := P_t$ と表す．式 (3.15), (3.22) からつぎの定理を得る．

定理 3.1. 式 (3.1), (3.2) の確率システムと雑音と初期条件に関する仮定の下で，式 (3.10), (3.11) の解は

$$p(x_t \mid Y^t) = N(x_t \mid \hat{x}_{t/t}, P_{t/t})$$
$$p(x_{t+1} \mid Y^t) = N(x_{t+1} \mid \hat{x}_{t+1/t}, P_{t+1/t})$$

となる．すなわち，任意の時刻 $t = 0, 1, \cdots$ において濾波推定値および 1 段予測推定値を規定する条件つき確率分布はともにガウス分布となる． □

上記のように，すべての条件つき確率密度関数がガウス分布となるので，最適推定値は条件つき期待値で与えられる．2.2 節で述べたように，この条件つき期待値は状態ベクトルの最小分散推定値であり，MAP 推定値でもある．

定理 3.1 で述べた条件つき確率密度関数の期待値 $\hat{x}_{t/t}, \hat{x}_{t+1/t}$ と共分散行列 $P_{t/t}, P_{t+1/t}$ の時間発展を記述するのが，カルマンフィルタのアルゴリズムである．著しい特徴としては，推定誤差共分散行列 $P_{t/t}, P_{t+1/t}$ が実際の観測データにはまったく依存しないことである．このことは，命題 2.6 で述べたように，

式 (2.41) の条件つき共分散行列が y に依存しないことからわかる.

観測更新ステップのアルゴリズムは式 (3.16)〜(3.18) から，また時間更新ステップのアルゴリズムは式 (3.23) から得られる.

定理 3.2. （カルマンフィルタ）
1) 初期値を $\hat{x}_{0/-1} = \bar{x}_0, P_{0/-1} = P_0$ とおき，$t = 0$ とする.
2) 観測更新ステップ　**Input**: $[\hat{x}_{t/t-1}, P_{t/t-1}, y_t]$ → **Output**: $[\hat{x}_{t/t}, P_{t/t}]$
   a) カルマンゲイン
   $$K_t = P_{t/t-1} H_t^T [H_t P_{t/t-1} H_t^T + R_t]^{-1} \quad (3.24)$$
   b) 濾波推定値
   $$\hat{x}_{t/t} = \hat{x}_{t/t-1} + K_t [y_t - H_t \hat{x}_{t/t-1}]$$
   c) 濾波推定誤差共分散行列
   $$P_{t/t} = P_{t/t-1} - K_t H_t P_{t/t-1} \quad (3.25)$$
3) 時間更新ステップ　**Input**: $[\hat{x}_{t/t}, P_{t/t}]$ → **Output**: $[\hat{x}_{t+1/t}, P_{t+1/t}]$
   a) 1 段予測推定値
   $$\hat{x}_{t+1/t} = F_t \hat{x}_{t/t}$$
   b) 予測誤差共分散行列
   $$P_{t+1/t} = F_t P_{t/t} F_t^T + G_t Q_t G_t^T \quad (3.26)$$
4) $t \leftarrow t+1$ としてステップ 2) へ戻る. □

以上のステップにより，濾波推定値 $\hat{x}_{t/t}$，1 段予測推定値 $\hat{x}_{t+1/t}$ が逐次的に計算できる. 図 3.4 にカルマンフィルタのブロック線図を示す.

図 3.4 における $\nu_t = y_t - H_t \hat{x}_{t/t-1}$ はイノベーション（innovation）過程である. 観測雑音 v_t は Y^{t-1} とは無相関であるから，

$$\nu_t = y_t - E\{H_t x_t + v_t \mid Y^{t-1}\} = y_t - E\{y_t \mid Y^{t-1}\}$$

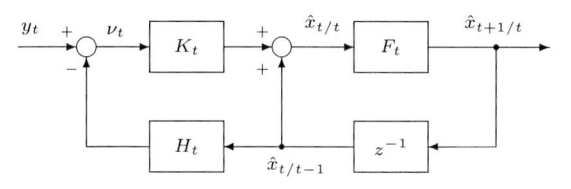

図 3.4 カルマンフィルタのブロック線図

となる．したがって，ν_t は y_t に含まれる情報の中で，Y^{t-1} に含まれている情報を取り除いたもので，観測値 y_t がもたらす真に新しい情報である．この意味で，ν_t をイノベーション過程という．イノベーション過程は平均値 0，共分散行列 $V_t = H_t P_{t/t-1} H_t^{\mathrm{T}} + R_t$ のガウス白色雑音である[6,24]．

カルマンフィルタのアルゴリズムから $\hat{x}_{t/t}$ を消去すると，

$$\hat{x}_{t+1/t} = F_t \hat{x}_{t/t-1} + L_t \nu_t$$

を得る．ただし，$L_t = F_t K_t \in \mathbb{R}^{n \times p}$ である．したがって，カルマンフィルタは ν_t を入力，y_t を出力とする状態方程式として表すことができる．

$$\hat{x}_{t+1/t} = F_t \hat{x}_{t/t-1} + L_t \nu_t \tag{3.27}$$

$$y_t = H_t \hat{x}_{t/t-1} + \nu_t \tag{3.28}$$

これを式 (3.1)，(3.2) に対するイノベーションモデルという．同じ y_t を表現する別の状態空間モデルである．

ここで，F_t, G_t, H_t, Q_t, R_t が t に依存しない，すなわち線形確率システムが時不変であると仮定する．式 (3.24) を式 (3.25) に代入し，さらに式 (3.25) を式 (3.26) に代入して $P_{t/t}$ を消去する．簡単のために $P_t := P_{t/t-1}$ とおくと，行列リカッチ方程式

$$P_{t+1} = F(P_t - P_t H^{\mathrm{T}} [H P_t H^{\mathrm{T}} + R]^{-1} H P_t) F^{\mathrm{T}} + G Q G^{\mathrm{T}}$$

を得る．このとき，(i) (H, F) が可検出であれば，任意の初期値 $P_0 \geq 0$ に対して P_t は有界となること，(ii) さらに $(F, G\sqrt{Q})$ が可安定であれば，図 3.4 に示すカルマンフィルタは（漸近）安定となることが知られている．より詳しくは，Anderson-Moore[24]，Gelb[42]，拙著[6] などを参照されたい．

3.4.4 雑音が相関をもつ場合

式 (3.3) では，w_t と v_t は無相関であると仮定した．ここでは，2 つの雑音が相関をもつ，すなわち

$$E\left\{\begin{bmatrix} w_t \\ v_t \end{bmatrix} [w_s^\mathrm{T} \ v_s^\mathrm{T}]\right\} = \begin{bmatrix} Q_t & S_t \\ S_t^\mathrm{T} & R_t \end{bmatrix}\delta_{ts}, \ R_t > 0$$

であると仮定する．x_t と y_t が与えられると，式 (3.2) から雑音 $v_t \ (= y_t - H_t x_t)$ を知ることができる．v_t がわかると，共分散行列 S_t を利用して w_t の最小分散推定値 $\hat{w}_t = E\{w_t \mid v_t\} = S_t R_t^{-1} v_t$ を得ることができる．よって，式 (3.11) の x_{t+1} の条件つき確率分布は x_t が与えられても，Y^t とは独立とはならず，

$$p(x_{t+1} \mid x_t, Y^t) = p(x_{t+1} \mid x_t, y_t) = p(x_{t+1} \mid x_t, v_t) \qquad (3.29)$$

となる．よって，式 (3.11) はこの場合次式のようになる．

$$p(x_{t+1} \mid Y^t) = \int_{\mathbb{R}^n} p(x_{t+1} \mid x_t, y_t) p(x_t \mid Y^t) dx_t$$

x_{t+1}, x_t, v_t はすべてガウス確率ベクトルであるから，式 (3.29) の条件つき確率密度関数はガウス分布に従う．以下では，このガウス分布の平均値と共分散行列を求める．条件つき期待値を $\hat{\eta}_t = E\{x_{t+1} \mid x_t, v_t\}$ とおく．x_t と v_t は独立であるから，命題 2.8 を用いると，

$$\hat{\eta}_t = E\{x_{t+1} \mid x_t\} + E\{x_{t+1} \mid v_t\} - E\{x_{t+1}\}$$

が成立する．$E\{w_t \mid x_t\} = 0$ であるから，上式右辺の第 1 項は

$$E\{x_{t+1} \mid x_t\} = E\{F_t x_t + G_t w_t \mid x_t\} = F_t x_t$$

また，右辺の第 2 項は

$$E\{x_{t+1} \mid v_t\} = E\{F_t x_t + G_t w_t \mid v_t\} = F_t E\{x_t\} + G_t S_t R_t^{-1} v_t$$

となる．第 3 項は $E\{x_{t+1}\} = E\{F_t x_t + G_t w_t\} = F_t E\{x_t\}$ であるから，以上をまとめて，

$$\hat{\eta}_t = F_t x_t + G_t S_t R_t^{-1} v_t = F_t x_t + G_t S_t R_t^{-1}(y_t - H_t x_t) \qquad (3.30)$$

を得る．このとき，命題 2.6 から $x_{t+1} - \hat{\eta}_t = x_{t+1} - E\{x_{t+1} \mid x_t, y_t\}$ は x_t, y_t とは独立（無相関）である．したがって，共分散行列 $\Xi_t = \mathrm{cov}(x_{t+1} \mid x_t, y_t)$ は x_t, y_t には依存せず，

$$\begin{aligned}
\Xi_t &= E\{[x_{t+1} - \hat{\eta}_t][x_{t+1} - \hat{\eta}_t]^{\mathrm{T}}\} \\
&= E\{[G_t w_t - G_t S_t R_t^{-1} v_t][G_t w_t - G_t S_t R_t^{-1} v_t]^{\mathrm{T}}\} \\
&= G_t (Q_t - S_t R_t^{-1} S^{\mathrm{T}}) G_t^{\mathrm{T}}
\end{aligned}$$

となる．よって，式 (3.29) の条件つき確率密度関数は以下のようになる．

$$p(x_{t+1} \mid x_t, y_t) = N(x_{t+1} \mid \hat{\eta}_t, \Xi_t) \qquad (3.31)$$

したがって，この場合 3.4.2 項の時間更新ステップは式 (3.20) の代わりに式 (3.31) を用いて，以下のように修正しなければならない．式 (3.30) において $t=0$ とおいたものを用いると，式 (3.21) は

$$\begin{aligned}
-2\phi_p &= \|x_0 - \hat{x}_0\|_{M_0^{-1}} + \|x_1 - F_0 x_0 - G_0 S_0 R_0^{-1}(y_0 - H_0 x_0)\|_{\Xi_0^{-1}}^2 \\
&= \|x_0 - \hat{x}_0\|_{M_0^{-1}} + \|x_1 - G_0 S_0 R_0^{-1} y_0 - (F_0 - G_0 S_0 R_0^{-1} H_0) x_0\|_{\Xi_0^{-1}}^2
\end{aligned}$$

となる．式 (2.54) 左辺と上式を比較すると対応関係

$$\begin{aligned}
x &= x_0, & \bar{x} &= \hat{x}_0, & y &= x_1 - G_0 S_0 R_0^{-1} y_0 \\
P &= M_0, & R &= \Xi_0, & H &= F_0 - G_0 S_0 R_0^{-1} H_0
\end{aligned}$$

がある．よって，命題 2.9 から

$$\begin{aligned}
-2\phi_p &= \|x_0 - \beta\|_{U_0^{-1}}^2 + \|x_1 - (F_0 - G_0 S_0 R_0^{-1} H_0)\hat{x}_0 - G_0 S_0 R_0^{-1} y_0\|_{P_1^{-1}}^2 \\
\beta &= \hat{x}_0 + M_0 (F_0 - G_0 S_0 R_0^{-1} H_0)^{\mathrm{T}} P_1^{-1} \\
&\quad \times (x_1 - (F_0 - G_0 S_0 R_0^{-1} H_0)\hat{x}_0 - G_0 S_0 R_0^{-1} y_0) \\
U_0 &= M_0 - M_0 (F_0 - G_0 S_0 R_0^{-1} H_0)^{\mathrm{T}} P_1^{-1} (F_0 - G_0 S_0 R_0^{-1} H_0) M_0 \\
P_1 &= (F_0 - G_0 S_0 R_0^{-1} H_0) M_0 (F_0 - G_0 S_0 R_0^{-1} H_0)^{\mathrm{T}} + \Xi_0
\end{aligned}$$

が成立する．また $|M_0||\Xi_0| = |U_0||P_1|$ となる．

よって，式 (3.22) を導いたのと同様にして，

$$p(x_1 \mid Y^0) = \frac{1}{\sqrt{(2\pi)^n |P_1|}} e^{-\frac{1}{2}\|x_1 - (F_0 - G_0 S_0 R_0^{-1} H_0)\hat{x}_0 - G_0 S_0 R_0^{-1} y_0\|_{P_1^{-1}}^2}$$

を得る．したがって，上式から 1 段予測推定値と誤差共分散行列は

$$\bar{x}_1 = (F_0 - G_0 S_0 R_0^{-1} H_0)\hat{x}_0 + G_0 S_0 R_0^{-1} y_0$$
$$P_1 = (F_0 - G_0 S_0 R_0^{-1} H_0) M_0 (F_0 - G_0 S_0 R_0^{-1} H_0)^\mathrm{T} + \Xi_0$$

となる．これが，雑音 w_t と v_t が相関をもつ場合の時間更新ステップである．時間更新ステップと言っても，上式からわかるように予測値 $\bar{x}_1$ を求めるには，観測値 y_0 を必要とするので，このステップは予測ステップというべきものである．なお，観測更新ステップには変更はなく，もとのままである．

定理 3.3.（雑音が相関をもつ場合のカルマンフィルタ）
1) 初期値を $\hat{x}_{0/-1} = \bar{x}_0, P_{0/-1} = P_0$ とおき，$t = 0$ とする．
2) 観測更新ステップ　**Input**: $[\hat{x}_{t/t-1}, P_{t/t-1}, y_t]$ → **Output**: $[\hat{x}_{t/t}, P_{t/t}]$
    a) カルマンゲイン

$$K_t = P_{t/t-1} H_t^\mathrm{T} [H_t P_{t/t-1} H_t^\mathrm{T} + R_t]^{-1}$$

    b) 濾波推定値

$$\hat{x}_{t/t} = \hat{x}_{t/t-1} + K_t [y_t - H_t \hat{x}_{t/t-1}]$$

    c) 濾波推定誤差共分散行列

$$P_{t/t} = P_{t/t-1} - K_t H_t P_{t/t-1}$$

3) 予測ステップ　**Input**: $[\hat{x}_{t/t}, P_{t/t}, y_t]$ → **Output**: $[\hat{x}_{t+1/t}, P_{t+1/t}]$
    a) 1 段予測推定値

$$\hat{x}_{t+1/t} = (F_t - G_t S_t R_t^{-1} H_t)\hat{x}_{t/t} + G_t S_t R_t^{-1} y_t$$

b) 予測誤差共分散行列

$$P_{t+1/t} = (F_t - G_t S_t R_t^{-1} H_t) P_{t/t} (F_t - G_t S_t R_t^{-1} H_t)^{\mathrm{T}} \\ + G_t (Q_t - S_t R_t^{-1} S_t^{\mathrm{T}}) G_t^{\mathrm{T}}$$

4) $t \leftarrow t+1$ としてステップ 2) へ戻る. □

以上のステップを繰り返すことにより,濾波推定値 $\hat{x}_{t/t}$, 1 段予測推定値 $\hat{x}_{t+1/t}$ が逐次的に計算できる.定理 3.2 との違いはステップ 3) の予測ステップである. w_t と v_t が無相関の場合には,このステップは純粋に時間更新であるが,相関がある場合には観測値 y_t も用いられる.また $S_t = 0$ とおくと,定理 3.2 のアルゴリズムに帰着する.

3.5　カルマンスムーザ

本節では,区間 $[0, N]$ のすべての観測データ $Y^N = \{y_0, y_1, \cdots, y_N\}$ に基づいて,状態ベクトル x_t を推定する固定区間スムージング問題,すなわち固定区間平滑問題について考える.まず,条件つき確率密度関数の逆向きの時間推移 $p(x_t \mid Y^N) \leftarrow p(x_{t+1} \mid Y^N)$ を表す命題を証明する[8].

命題 3.2.

$$p(x_t \mid Y^N) = \int \frac{p(x_{t+1} \mid x_t) p(x_t \mid Y^t) p(x_{t+1} \mid Y^N)}{p(x_{t+1} \mid Y^t)} \, dx_{t+1} \tag{3.32}$$

証明　結合確率密度関数 $p(x_t, x_{t+1} \mid Y^N)$ を求めて,これを x_{t+1} について積分することにより $p(x_t \mid Y^N)$ を求める.ベイズの定理から,

$$p(x_t, x_{t+1} \mid Y^N) = p(x_t \mid x_{t+1}, Y^N) p(x_{t+1} \mid Y^N)$$

が成立する.式 (3.2), (3.4) から $Y_{t+1}^N = \{y_{t+1}, \cdots, y_N\}$ の結合分布は x_{t+1} と $t+1$ 以降の雑音 $\eta_{t+1} := \{v_{t+1}, \cdots, v_N, w_{t+1}, \cdots, w_N\}$ によって決定される. よって,x_{t+1}, Y^t が与えられると x_t と Y_{t+1}^N は独立となるので,

$$p(x_t \mid x_{t+1}, Y^N) = p(x_t \mid x_{t+1}, Y^t, Y_{t+1}^N)$$
$$= p(x_t \mid x_{t+1}, Y^t)$$
$$= \frac{p(x_t, x_{t+1} \mid Y^t)}{p(x_{t+1} \mid Y^t)} \tag{3.33}$$

が成立する．したがって，ベイズの定理から

$$p(x_t, x_{t+1} \mid Y^N) = p(x_t \mid x_{t+1}, Y^N) p(x_{t+1} \mid Y^N)$$
$$= \frac{p(x_t, x_{t+1} \mid Y^t)}{p(x_{t+1} \mid Y^t)} p(x_{t+1} \mid Y^N) \tag{3.34}$$
$$= \frac{p(x_{t+1} \mid x_t, Y^t) p(x_t \mid Y^t)}{p(x_{t+1} \mid Y^t)} p(x_{t+1} \mid Y^N)$$

となる．w_t と v_t が無相関 ($S_t = 0$) であれば，$p(x_{t+1} \mid x_t, Y^t) = p(x_{t+1} \mid x_t)$ であるから，式 (3.32) を得る． □

いま，カルマンフィルタによって，状態推定値および誤差共分散行列 $\hat{x}_{t/t-1}$, $\hat{x}_{t/t}, P_{t/t-1}, P_{t/t}, t = 0, 1, \cdots, N$ が計算されていると仮定する．平滑推定値は時刻 $t = N$ の終端値 $\hat{x}_{N/N}, P_{N/N}$ から始めて，時間の逆向きに

$$(\hat{x}_{t/N}, P_{t/N}), \quad t = N-1, N-2, \cdots, 1, 0$$

を計算することによって得ることができる．

定理 **3.4.** （固定区間カルマンスムーザ）

$$\hat{x}_{t/N} = \hat{x}_{t/t} + C_t(\hat{x}_{t+1/N} - \hat{x}_{t+1/t}) \tag{3.35}$$
$$C_t = P_{t/t} F_t^{\mathrm{T}} P_{t+1/t}^{-1} \tag{3.36}$$
$$P_{t/N} = P_{t/t} + C_t [P_{t+1/N} - P_{t+1/t}] C_t^{\mathrm{T}} \tag{3.37}$$

ただし，$t = N-1, N-2, \cdots, 0$ である．固定区間カルマンスムーザのブロック線図を図 3.5 に示す．

証明 やや長くなるが，フィルタリングの場合と同じ方法で証明する．式 (3.34)

3.5 カルマンスムーザ

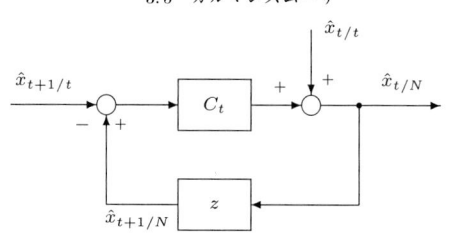

図 3.5 固定区間カルマンスムーザのブロック線図

において $t = N-1$ とおくと，

$$p(x_{N-1}, x_N \mid Y^N) = \frac{p(x_{N-1}, x_N \mid Y^{N-1}) p(x_N \mid Y^N)}{p(x_N \mid Y^{N-1})} \quad (3.38)$$

を得る．フィルタリングに関する定理 3.1 から上式右辺の事後確率密度関数 $p(x_N \mid Y^N), p(x_N \mid Y^{N-1})$ はともにガウス分布，すなわち

$$p(x_N \mid Y^N) = N(x_N \mid \hat{x}_N, M_N), \quad p(x_N \mid Y^{N-1}) = N(x_N \mid \bar{x}_N, P_N)$$

である．ただし，ここでは $\hat{x}_N = \hat{x}_{N/N}$, $\bar{x}_N = \hat{x}_{N/N-1}$ および $M_N = P_{N/N}$, $P_N = P_{N/N-1}$ と略記している．

つぎに，条件つき確率密度関数 $p(x_{N-1}, x_N \mid Y^{N-1})$ を求めるために，結合過程 $z_t := \begin{bmatrix} x_{t-1} \\ x_t \end{bmatrix}$ を考える．式 (3.1), (3.2) から結合過程は拡大システム

$$z_{t+1} = \begin{bmatrix} 0 & I \\ 0 & F_t \end{bmatrix} z_t + \begin{bmatrix} 0 \\ G_t \end{bmatrix} w_t$$

$$y_t = [0 \quad H_t] z_t + v_t$$

を満足する．これは 3.1 節で述べた線形確率システムであるから，z_t はガウス・マルコフ過程となる．再び定理 3.1 から，z_N の Y^{N-1} に関する条件つき確率密度関数はガウス分布である．明らかに，その平均値ベクトルは

$$\bar{z}_N = E\{z_N \mid Y^{N-1}\} = E\left\{ \begin{bmatrix} x_{N-1} \\ x_N \end{bmatrix} \middle| Y^{N-1} \right\} = \begin{bmatrix} \hat{x}_{N-1} \\ \bar{x}_N \end{bmatrix}$$

となる．また $\bar{x}_N = F_{N-1} \hat{x}_{N-1}$ であるから，

が成立する．したがって，上式を用いると z_N の条件つき共分散行列は

$$z_N - \bar{z}_N = \begin{bmatrix} x_{N-1} - \hat{x}_{N-1} \\ x_N - \bar{x}_N \end{bmatrix} = \begin{bmatrix} x_{N-1} - \hat{x}_{N-1} \\ F_{N-1}(x_{N-1} - \hat{x}_{N-1}) + G_{N-1}w_{N-1} \end{bmatrix}$$

$$\begin{aligned} Z_N &= \mathrm{cov}(z_N \mid Y^{N-1}) \\ &= E\left\{ \begin{bmatrix} x_{N-1} - \hat{x}_{N-1} \\ x_N - \bar{x}_N \end{bmatrix} \begin{bmatrix} x_{N-1} - \hat{x}_{N-1} \\ x_N - \bar{x}_N \end{bmatrix}^{\mathrm{T}} \Bigg| Y^{N-1} \right\} \\ &= \begin{bmatrix} M_{N-1} & M_{N-1}F_{N-1}^{\mathrm{T}} \\ F_{N-1}M_{N-1} & F_{N-1}M_{N-1}F_{N-1} + G_{N-1}Q_{N-1}G_{N-1}^{\mathrm{T}} \end{bmatrix} \end{aligned}$$

となる．よって，$p(x_{N-1}, x_N \mid Y^{N-1}) = p(z_N \mid Y^{N-1}) = N(z_N \mid \bar{z}_N, Z_N)$ が成立する．したがって，

$$p(x_{N-1} \mid x_N, Y^{N-1}) = \frac{p(x_{N-1}, x_N \mid Y^{N-1})}{p(x_N \mid Y^{N-1})}$$
$$= \frac{1}{c} e^{-\frac{1}{2}\|z_N - \bar{z}_N\|^2_{Z_N^{-1}} + \frac{1}{2}\|x_N - \bar{x}_N\|^2_{P_N^{-1}}} \quad (3.39)$$

を得る．ただし，以下では c はすべて規格化の定数であり，証明ではその正確な値は必要がないので明示していない．

さて Z_N の (2,2) ブロック要素は P_N であることに注意して，演習問題 2.5 の公式を用いると

$$Z_N = \begin{bmatrix} I & C_{N-1} \\ 0 & I \end{bmatrix} \begin{bmatrix} \Psi_{N-1} & 0 \\ 0 & P_N \end{bmatrix} \begin{bmatrix} I & 0 \\ C_{N-1}^{\mathrm{T}} & I \end{bmatrix}$$

を得る．ここに，

$$C_{N-1} = M_{N-1}F_{N-1}^{\mathrm{T}}P_N^{-1}, \quad \Psi_{N-1} = M_{N-1} - C_{N-1}P_N C_{N-1}^{\mathrm{T}}$$

である．よって，その逆行列は

$$Z_N^{-1} = \begin{bmatrix} I & 0 \\ -C_{N-1}^{\mathrm{T}} & I \end{bmatrix} \begin{bmatrix} (\Psi_{N-1})^{-1} & 0 \\ 0 & P_N^{-1} \end{bmatrix} \begin{bmatrix} I & -C_{N-1} \\ 0 & I \end{bmatrix}$$

3.5 カルマンスムーザ

となる.したがって,$\begin{bmatrix} a \\ b \end{bmatrix} := z_N - \bar{z}_N = \begin{bmatrix} x_{N-1} - \hat{x}_{N-1} \\ x_N - \bar{x}_N \end{bmatrix}$ とおくと,

$$\begin{aligned}
&[a^{\mathrm{T}}\ b^{\mathrm{T}}] Z_N^{-1} \begin{bmatrix} a \\ b \end{bmatrix} \\
&= [a^{\mathrm{T}}\ b^{\mathrm{T}}] \begin{bmatrix} I & 0 \\ -C^{\mathrm{T}} & I \end{bmatrix} \begin{bmatrix} \Psi^{-1} & 0 \\ 0 & P_N^{-1} \end{bmatrix} \begin{bmatrix} I & -C \\ 0 & I \end{bmatrix} \begin{bmatrix} a \\ b \end{bmatrix} \\
&= \|x_{N-1} - \hat{x}_{N-1} - C(x_N - \bar{x}_N)\|^2_{\Psi^{-1}} + \|x_N - \bar{x}_N\|^2_{P_N^{-1}}
\end{aligned}$$

を得る.ただし,簡単のために $C_{N-1} \to C, \Psi_{N-1} \to \Psi$ のように略記している.これを式 (3.39) に用いると,P_N^{-1} を含む項は消去されて,

$$p(x_{N-1} \mid x_N, Y^{N-1}) = \frac{1}{c} e^{-\frac{1}{2}\|x_{N-1} - \hat{x}_{N-1} - C(x_N - \bar{x}_N)\|^2_{\Psi^{-1}}} \tag{3.40}$$

となる.他方,式 (3.38) から

$$p(x_{N-1}, x_N \mid Y^N) = p(x_{N-1} \mid x_N, Y^{N-1}) p(x_N \mid Y^N)$$

が成立するので,式 (3.40) を用いると,

$$p(x_{N-1}, x_N \mid Y^N) = \frac{1}{c} e^{-\frac{1}{2}\|x_{N-1} - \alpha\|^2_{\Psi^{-1}} - \frac{1}{2}\|x_N - \hat{x}_N\|^2_{M_N^{-1}}} \tag{3.41}$$

を得る.ただし,$\alpha = \hat{x}_{N-1} + C(x_N - \bar{x}_N)$ である.

ここで,式 (3.41) の指数部分を ϕ とおくと,

$$-2\phi = \|x_N - \hat{x}_N\|^2_{M_N^{-1}} + \|x_{N-1} - \hat{x}_{N-1} + C\bar{x}_N - Cx_N\|^2_{\Psi^{-1}}$$

となる.上式を式 (2.54) と比較すると,以下の対応関係がある.

$$\begin{aligned}
&x = x_N, \qquad \bar{x} = \hat{x}_N, \qquad y = x_{N-1} - \hat{x}_{N-1} + C\bar{x}_N \\
&H = C, \qquad P = M_N, \qquad R = \Psi
\end{aligned}$$

よって,命題 2.9 から -2ϕ を x_N の 2 次形式と残りの項の和

$$-2\phi = \|x_N - \beta\|^2_{S^{-1}} + \|x_{N-1} - \hat{x}_{N-1} + C(\bar{x}_N - \hat{x}_N)\|^2_{\Theta^{-1}} \tag{3.42}$$

と表すことができる. ただし,

$$\beta = \hat{x}_N + M_N C^{\mathrm{T}} \Theta^{-1}[x_{N-1} - \hat{x}_{N-1} + C(\bar{x}_N - \hat{x}_N)]$$
$$S = M_N - M_N C^{\mathrm{T}} \Theta^{-1} C M_N$$
$$\Theta = \Psi + C M_N C^{\mathrm{T}} = M_{N-1} + C(M_N - P_N) C^{\mathrm{T}}$$

である. 式 (3.41) の指数部分を式 (3.42) で置き換えると,

$$p(x_{N-1}, x_N \mid Y^N) = \frac{1}{c} e^{-\frac{1}{2}\|x_N - \beta\|_{S^{-1}}^2 - \frac{1}{2}\|x_{N-1} - \hat{x}_{N-1} - C(\hat{x}_N - \bar{x}_N)\|_{\Theta^{-1}}^2}$$

となる. 上式を x_N について積分し, $C \to C_{N-1}$ のように添え字を元に戻すと,

$$\begin{aligned} p(x_{N-1} \mid Y^N) &= \frac{1}{c} e^{-\frac{1}{2}\|x_{N-1} - \hat{x}_{N-1} - C_{N-1}(\hat{x}_N - \bar{x}_N)\|_{\Theta^{-1}}^2} \\ &= \frac{1}{c} e^{-\frac{1}{2}\|x_{N-1} - \hat{x}_{N-1/N}\|_{P_{N-1/N}^{-1}}^2} \end{aligned} \quad (3.43)$$

を得る. ここで, $\hat{x}_N = \hat{x}_{N/N}$, $\hat{x}_{N-1} = \hat{x}_{N-1/N-1}$, $\bar{x}_N = \hat{x}_{N/N-1}$, $M_N = P_{N/N}$, $P_N = P_{N/N-1}$ であったから, 次式を得る.

$$\hat{x}_{N-1/N} = \hat{x}_{N-1/N-1} + C_{N-1}(\hat{x}_{N/N} - \hat{x}_{N/N-1})$$
$$P_{N-1/N} = P_{N-1/N-1} + C_{N-1}(P_{N/N} - P_{N/N-1}) C_{N-1}^{\mathrm{T}}$$
$$C_{N-1} = P_{N-1/N-1} F_{N-1}^{\mathrm{T}} P_{N/N-1}^{-1}$$

これは, 定理 3.3 において, $t = N - 1$ とおいたものに等しい.

つぎに式 (3.34) の 2 番目の式において, $t = N - 2$ とおくと

$$p(x_{N-2}, x_{N-1} \mid Y^N) = \frac{p(x_{N-2}, x_{N-1} \mid Y^{N-2}) p(x_{N-1} \mid Y^N)}{p(x_{N-1} \mid Y^{N-2})}$$

を得る. 式 (3.43) から, 上式右辺の 3 つの条件つき確率密度関数はすべてガウス分布となる. よって, $t = N - 1$ の場合と同様にして, $p(x_{N-2} \mid Y^N)$ がガウス分布となることが証明できる. 以下, 帰納的に定理 3.4 のアルゴリズムを導くことができる. □

この長い証明は命題 2.9 と関連する逆行列補題のみに基づいている. 3.4.4 項の計算結果を利用すれば, 同様にして w_t と v_t が相関をもつ場合のカルマンスムーザを導くことができるが, ここでは省略する.

3.6 数　値　例

3.6.1　ランダムウォークモデル

次式で表されるランダムウォーク x_t の推定問題を考える.

$$x_{t+1} = x_t + w_t, \qquad y_t = x_t + v_t$$

ただし, w_t, v_t は互いに独立なガウス白色雑音であり, $w_t \sim N(0, q)$, $v_t \sim N(0, r)$ とする. また, $F = 1$, $H = 1$, $G = 1$ である. よって, 定理 3.2 からカルマンフィルタのアルゴリズムは次式で与えられる.

$$\hat{x}_{t/t} = \hat{x}_{t/t-1} + K_t [y_t - \hat{x}_{t/t-1}]$$
$$\hat{x}_{t+1/t} = \hat{x}_{t/t}$$
$$K_t = \frac{P_{t/t-1}}{P_{t/t-1} + r}$$
$$P_{t/t} = \frac{rP_{t/t-1}}{P_{t/t-1} + r}, \qquad t = 0, 1, \cdots$$
$$P_{t+1/t} = P_{t/t} + q$$

他方, 定理 3.4 からカルマンスムーザのアルゴリズムは

$$\hat{x}_{t/N} = \hat{x}_{t/t} + C_t [\hat{x}_{t+1/N} - \hat{x}_{t+1/t}]$$
$$C_t = \frac{P_{t/t}}{P_{t/t} + q}$$
$$P_{t/N} = P_{t/t} + C_t^2 [P_{t+1/N} - P_{t+1/t}]$$

となる. ただし, $t = N-1, N-2, \cdots, 0$ である.

図 3.6 には $N = 60$, $q = 1$, $r = 10$, $x_0 = 0$, $\hat{x}_{0/-1} = 0$, $P_{0/-1} = 100$ として行ったシミュレーション結果の一例を示した. 左の図の濾波推定値と右の図の平滑推定値の違いがスムージングの効果である. また, 推定誤差分散の定常値 (理論値) は $\lim_{t \to \infty} P_{t/t} = 2.7016$, および $\lim_{N \to \infty} P_{t/N} = 1.5618$ である. ただし, 雑音 w_t, v_t によって (サンプルごとに) 軌道 x_t とその観測値

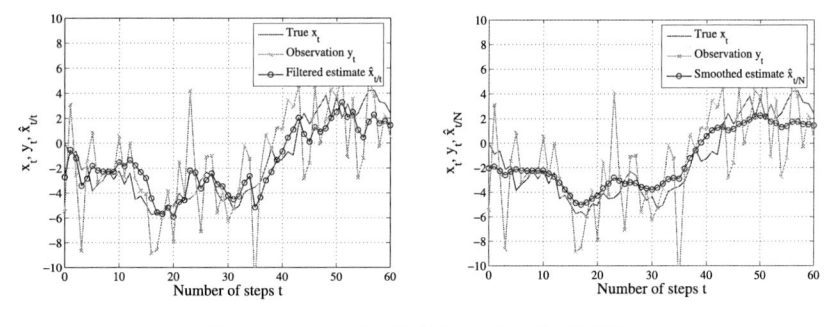

図 3.6 フィルタリング（左），スムージング（右）

y_t は大きく変化することに注意されたい．読者は MATLAB プログラムを利用して，各自でシミュレーションを行い，結果を観察することを勧めたい．

3.6.2 衛星の回転運動モデル

人工衛星の回転運動を線形近似した 4 次元システムを考える．

$$\dot{x}_t^{(1)} = x_t^{(2)}$$
$$\dot{x}_t^{(2)} = x_t^{(3)} + x_t^{(4)}$$
$$\dot{x}_t^{(3)} = 0$$
$$\dot{x}_t^{(4)} = -0.5 x_t^{(4)} + \xi_t$$

ただし，$x_t^{(1)}$：人工衛星の姿勢角度，$x_t^{(2)}$：角速度，$x_t^{(3)}$：角加速度の平均値成分（未知定数），$x_t^{(4)}$：角加速度のランダム成分であり，ξ_t は平均値 0 のガウス白色雑音である．上述の連続時間モデルを積分して，サンプル間隔 $\Delta = 1.0$s で離散化することにより，つぎの離散時間モデルを得る[76]．

$$x_{t+1} = \begin{bmatrix} 1 & 1 & 0.5 & 0.5 \\ 0 & 1 & 1 & 1 \\ 0 & 0 & 1 & 0 \\ 0 & 0 & 0 & 0.606 \end{bmatrix} x_t + \begin{bmatrix} 0 \\ 0 \\ 0 \\ 1 \end{bmatrix} w_t$$

$$y_t = [1\ 0\ 0\ 0] x_t + v_t, \quad t = 0, 1, \cdots, N$$

3.6 数値例

ただし,白色雑音 w_t, v_t の分散は $Q = 0.64 \times 10^{-2}$, $R = 1$ とする.
状態ベクトルの初期値および推定値の初期値を

$$x_0 = \begin{bmatrix} 1.25 \\ 0.06 \\ 0.01 \\ -0.003 \end{bmatrix}, \quad \hat{x}_{0/-1} = \begin{bmatrix} 0 \\ 0 \\ 0 \\ 0 \end{bmatrix}, \quad P_{0/-1} = \text{diag}[10, 10, 10, 10]$$

として,シミュレーションを行い,推定誤差の分散

$$E_f^N = \frac{1}{N} \sum_{t=1}^{N} [x_t^{(1)} - \hat{x}_{t/t}^{(1)}]^2, \quad E_s^N = \frac{1}{N} \sum_{t=1}^{N} [x_t^{(1)} - \hat{x}_{t/N}^{(1)}]^2$$

を評価した.サンプル過程は生成される雑音によってかなりその波形を異にするが,姿勢角推定の一例を図 3.7 に示す.ただし,$N = 50$ であり,実線: $x_t^{(1)}$ (真の姿勢角),×: y_t (観測値),△: $\hat{x}_{t/t}^{(1)}$ (濾波推定値),○: $\hat{x}_{t/N}^{(1)}$ (平滑推定値) である.濾波推定値が観測値の影響を大きく受けているのに比べて,平滑推定値は非常に滑らかに姿勢角の真の動きに追従していることがわかる.この場合の推定誤差分散は,濾波推定値で $E_f^{50} = 2.5108$,平滑推定値で $E_s^{50} = 0.4037$ となった.この数値は図 3.8 に示す $P_{t/t}^{(11)}$ および $P_{t/N}^{(11)}$ の値にかなり近い値となっている.

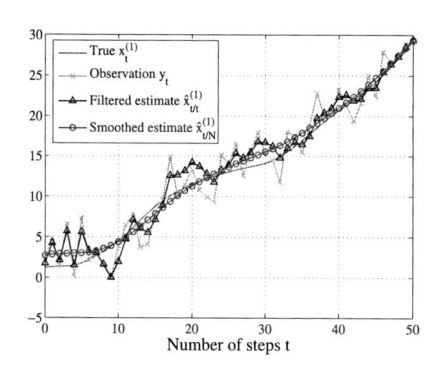

図 3.7 フィルタリング/スムージング

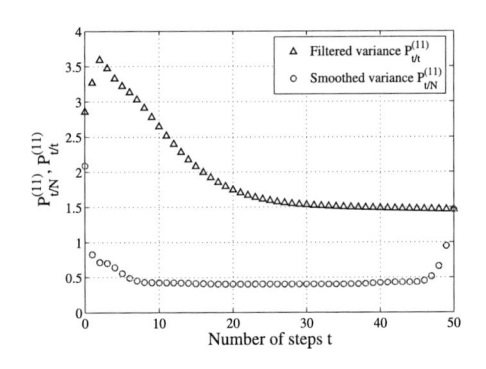

図 3.8 フィルタ/スムーザの推定誤差共分散行列

3.7 ノ ー ト

- カルマンフィルタに関する研究を始めるには一度は Kalman[61,62] を読むことを勧めたい．カルマンフィルタの教科書は少なくないが，著者が利用しているのは Jazwinski[54]，Gelb[42]，Anderson-Moore[24]，Grewal-Andrews[46] などである．後者には MATLAB プログラムを収めた CD-ROM が添付されている．本書では扱わないが，連続時間カルマンフィルタについては有本[2]，大住[4] を参照されたい．
- 3.1 節は Anderson-Moore[24]，Jazwinski[54] と拙著[6] によっている．AR モデル，ARMA モデルなど時系列解析は北川[8]，Hamilton[48]，Tong[93] などが参考になる．3.2 節，3.3 節はそれぞれ拙著[6]，北川[8] を参考にした．
- 3.4 節ではベイズの定理と逆行列補題を利用してカルマンフィルタを導出した．さらに，3.4.4 項では雑音が相関をもつ場合のアルゴリズムを与え，3.5 節では（固定区間）スムージング問題の解を導いた．3.6 節では 2 つのモデルに対するシミュレーション結果を紹介した．
- 拙著[6] では Kalman の原論文と同じように直交射影を用いる方法によってカルマンフィルタを導いたが，ここでは事後確率密度関数の時間変化を追跡する方法で条件つき期待値を計算した．この場合の計算内容は MAP 推

定値を計算する場合と同じである．

- カルマンフィルタの導出法には，上述した Kalman の直交射影[61]，Kailath のイノベーション法[59]，さらにオブザーバ理論，MAP 推定の立場から変分法によるものなど，いくつかの方法がある．これについては，拙著[6] 5.4 節および 7.5 節を参照されたい．

3.8 演 習 問 題

3.1 w_t を白色雑音として，次の状態空間モデル $(n=2)$ を考える．

$$x_{t+1} = \underbrace{\begin{bmatrix} 0 & -a_2 \\ 1 & -a_1 \end{bmatrix}}_{F} x_t + \underbrace{\begin{bmatrix} c_2 - a_2 \\ c_1 - a_1 \end{bmatrix}}_{G} w_t, \qquad y_t = \underbrace{[0 \ \ 1]}_{H} x_t + w_t$$

x_t を消去して，次の ARMA(2,2) モデルを誘導せよ．

$$y_t + a_1 y_{t-1} + a_2 y_{t-2} = w_t + c_1 w_{t-1} + c_2 w_{t-2}$$

3.2 w_t を白色雑音として，MA(3) モデル $y_t = w_t + c_1 w_{t-1} + c_2 w_{t-2} + c_3 w_{t-3}$ を考える．3 次元状態ベクトルを

$$x_t = [x_t^{(1)} \ \ x_t^{(2)} \ \ x_t^{(3)}]^\mathrm{T} = [w_{t-3} \ \ w_{t-2} \ \ w_{t-1}]^\mathrm{T}$$

と定義して，状態空間モデルを求めよ．

3.3 スカラーシステム

$$x_{t+1} = \frac{1}{\sqrt{2}} x_t + w_t, \qquad y_t = x_t + v_t$$

を考える．ただし，w_t, v_t, x_0 は互いに独立でかつ $N(0,1)$ に従うとする．

　(a) カルマンフィルタを設計せよ．

　(b) リカッチ方程式の解 $P_{0/-1}, P_{1/0}, P_{2/1}$ およびカルマンゲイン K_0, K_1, K_2 を求めよ．

　(c) $P_\infty = \lim_{t \to \infty} P_{t/t-1}$ および K_∞ を求めよ．

3.4 逆行列補題を用いて，カルマンゲインは $K_t = P_{t/t}H_t^{\mathrm{T}}R_t^{-1}$ と表すことができることを示せ（例 2.2 参照）．

3.5 式 (3.1), (3.2) において，$w_t = 0$ としたシステム

$$x_{t+1} = F_t x_t, \quad x_0 = \theta; \qquad y_t = H_t x_t + v_t$$

を考える．この場合，初期ベクトル $\theta \in \mathbb{R}^n$ が未知パラメータ（定数）である．ここで，

$$y = \begin{bmatrix} y_0 \\ y_1 \\ \vdots \\ y_{N-1} \end{bmatrix} \in \mathbb{R}^{pN \times 1}, \qquad v = \begin{bmatrix} v_0 \\ v_1 \\ \vdots \\ v_{N-1} \end{bmatrix} \in \mathbb{R}^{pN \times 1}$$

と定義し，さらに $F_{t-1} \cdots F_1 F_0 = \Phi(t, 0)$ とおく．

(a) 一般線形回帰モデル $y = \mathcal{O}_N \theta + v$, $\mathcal{O}_N \in \mathbb{R}^{pN \times n}$ を導け．なお記号 $\mathcal{O}_N$ は可観測性（observability）に由来する．

(b) 条件つき確率密度関数 $p(y \mid \theta)$，および θ の尤度関数を求めよ．

(c) θ の最尤推定値 $\hat{\theta}_{\mathrm{ML}}$ を求めよ．また，$\hat{\theta}_{\mathrm{ML}}$ が存在するための条件は $\mathrm{rank}\, \mathcal{O}_N = n$ であることを示せ．このとき，時変システム (H_t, F_t) は時刻 $t = 0$ において可観測であるという．

(d) H_t, F_t が t に依存しない場合の可観測条件を求めよ．

4

非線形フィルタリングと情報行列

　非線形システムの場合，観測データに基づく状態ベクトルの事後確率密度関数は一般に非ガウス分布となり，最適フィルタを導くことはほとんど不可能である．このため，非線形フィルタリングに対しては従来から非常に多くの近似手法が提案されている．本章では，まず非線形フィルタリングの概要を説明する．ついで，情報行列を定義し，推定誤差共分散行列の下限を評価するクラメール・ラオ不等式について述べる．さらに情報行列を逐次計算するためのアルゴリズムを導出する．

4.1　非線形フィルタリング

　つぎの離散時間非線形確率システムについて考える．

$$x_{t+1} = f_t(x_t) + w_t \tag{4.1}$$

$$y_t = h_t(x_t) + v_t \tag{4.2}$$

ただし，$x_t \in \mathbb{R}^n$ は状態ベクトル，$y_t \in \mathbb{R}^p$ は観測ベクトル，$w_t \in \mathbb{R}^n$ はシステム雑音，$v_t \in \mathbb{R}^p$ は観測雑音である．雑音は平均値 0 のガウス白色雑音であり，その共分散行列は

$$E\left\{ \begin{bmatrix} w_t \\ v_t \end{bmatrix} \begin{bmatrix} w_s^{\mathrm{T}} & v_s^{\mathrm{T}} \end{bmatrix} \right\} = \begin{bmatrix} Q_t & 0 \\ 0 & R_t \end{bmatrix} \delta_{ts}, \qquad t, s = 0, 1, \cdots$$

であるとする．ただし，$Q_t > 0$, $R_t > 0$ である．初期状態 x_0 は $N(\bar{x}_0, P_0)$ に従い，さらに $E\{w_t x_0^{\mathrm{T}}\} = 0$, $E\{v_t x_0^{\mathrm{T}}\} = 0$, $t = 0, 1, \cdots$ と仮定する．また，

非線形特性 $f_t : \mathbb{R}^n \to \mathbb{R}^n$ および $h_t : \mathbb{R}^n \to \mathbb{R}^p$ はそれぞれ

$$f_t(x_t) = \begin{bmatrix} f_{1,t}(x_{1,t}, \cdots, x_{n,t}) \\ \vdots \\ f_{n,t}(x_{1,t}, \cdots, x_{n,t}) \end{bmatrix} \tag{4.3}$$

および

$$h_t(x_t) = \begin{bmatrix} h_{1,t}(x_{1,t}, \cdots, x_{n,t}) \\ \vdots \\ h_{p,t}(x_{1,t}, \cdots, x_{n,t}) \end{bmatrix} \tag{4.4}$$

で与えられるとする.

第3章のカルマンフィルタの場合と同様に,0からtまでの観測データの集合を $Y^t = \{y_0, \cdots, y_t\}$ とおき,つぎの状態推定問題を考える.

【状態推定問題】 観測データ Y^t に基づいて,ベイズリスク

$$J = E\{\|x_{t+m} - \hat{x}_{t+m/t}\|^2\}, \qquad m = 0, 1 \tag{4.5}$$

を最小にする最適推定値 $\hat{x}_{t+m/t}$ を与えるフィルタを設計せよ. □

2.2 節で述べたように,式 (4.5) を最小にするベイズ推定値は Y^t に関する x_{t+m} の条件つき期待値

$$\hat{x}_{t+m/t} = E\{x_{t+m} \mid Y^t\} \tag{4.6}$$

で与えられる.また式 (4.1),(4.2) のモデルは非線形であるが,結合過程 (x_t, y_t) はマルコフ過程となるので,条件つき確率密度関数の時間推移を記述する関数方程式は第3章の線形確率システムの場合と同じである.

命題 4.1. 条件つき確率密度関数 $p(x_t \mid Y^t)$ および $p(x_{t+1} \mid Y^t)$ の観測更新および時間更新のステップは以下のようになる.

(i) 観測更新ステップ

$$p(x_t \mid Y^t) = \frac{p(y_t \mid x_t) p(x_t \mid Y^{t-1})}{p(y_t \mid Y^{t-1})} \tag{4.7}$$

(ii) 時間更新ステップ

$$p(x_{t+1} \mid Y^t) = \int_{\mathbb{R}^n} p(x_{t+1} \mid x_t) p(x_t \mid Y^t) dx_t \tag{4.8}$$

証明 命題 3.1 参照. □

　式 (4.7), (4.8) の関数方程式は無限次元であるが，第 3 章で扱ったガウス白色雑音を受ける線形システムの場合には，条件つき確率密度関数はガウス分布となるので，その期待値と推定誤差共分散行列はカルマンフィルタで与えられる．したがって，ガウス白色雑音を受ける線形システムの場合には，カルマンフィルタ以外のフィルタを考える必要はなかった．

　しかし，本章以降で取り扱う非線形システムの場合には，式 (4.7), (4.8) の条件つき確率密度関数は非ガウス分布となるので，最適フィルタを求めることは事実上不可能である[37]．式 (4.6) の条件つき期待値を計算する理論式は存在するが[9]，実際それに基づいて最適なアルゴリズムを実現することはほとんど不可能である．このため，非線形フィルタリングにおいては近似フィルタを考えることが必要不可欠であり，近似推定値の誤差共分散行列を評価することは理論的にも実際的にも非常に有用である．

　本章では，2.3 節の結果を用いて，式 (4.1), (4.2) の非線形システムに対する推定誤差共分散行列を評価する事後クラメール・ラオ不等式とその下限を与えるベイズ情報行列の計算法について述べる．

4.2　ベイズ情報行列

　任意の 1 段予測推定値 $\check{x}_{t/t-1}$ に対する推定誤差共分散行列の下限を評価するためのベイズ情報行列（情報行列と略記）を求める．まず，ベクトル

$$X^t = \begin{bmatrix} x_0 \\ x_1 \\ \vdots \\ x_t \end{bmatrix} \in \mathbb{R}^{n(t+1)}, \qquad Y^{t-1} = \begin{bmatrix} y_0 \\ y_1 \\ \vdots \\ y_{t-1} \end{bmatrix} \in \mathbb{R}^{pt},$$

を定義する. ここで, (X^t, Y^{t-1}) の結合確率密度関数を $p_t = p(X^t, Y^{t-1})$ と表す. 簡単のために, $\xi = X^t$, $\eta = X^{t-1}$ とおくと, $\xi = (\eta, x_t)$ となる[*1].
Y^{t-1} に基づく X^t の情報行列を $J_{t/t-1}(X^t)$ と表すと, 式 (2.18) から

$$J_{t/t-1}(X^t) = -E\left\{\frac{\partial^2 \log p_t}{\partial \xi^2}\right\} = \begin{bmatrix} A_t & B_t \\ B_t^{\mathrm{T}} & C_t \end{bmatrix} \tag{4.9}$$

を得る. ただし, A_t, B_t, C_t は

$$A_t = -E\left\{\frac{\partial^2 \log p_t}{\partial \eta^2}\right\} \in \mathbb{R}^{nt \times nt}, \quad B_t = -E\left\{\frac{\partial^2 \log p_t}{\partial \eta \partial x_t}\right\} \in \mathbb{R}^{nt \times n}$$

$$C_t = -E\left\{\frac{\partial^2 \log p_t}{\partial x_t^2}\right\} \in \mathbb{R}^{n \times n} \tag{4.10}$$

である. よって, 式 (4.9) と命題 2.5 から x_t に対する部分ベイズ情報行列は次式のように A_t のシュール補行列で与えられる.

$$J_{t/t-1}(x_t) = C_t - B_t^{\mathrm{T}} A_t^{-1} B_t \tag{4.11}$$

つぎに任意の濾波推定値 $\check{x}_{t/t}$ に対する推定誤差共分散行列の下限を考えるために, (X^t, Y^t) の結合確率密度関数を $q_t = p(X^t, Y^t)$ とおく. このとき, ベイズの定理から $q_t = p(y_t \mid x_t) p_t$ となるので,

$$\log q_t = \log p_t + \log p(y_t \mid x_t)$$

が成立する. よって, Y^t に基づく X^t の情報行列 $J_{t/t}(X^t)$ は

$$\begin{aligned} J_{t/t}(X^t) &= -E\left\{\frac{\partial^2 \log q_t}{\partial \xi^2}\right\} \\ &= -E\left\{\frac{\partial^2 \log p_t}{\partial \xi^2}\right\} - E\left\{\frac{\partial^2 \log p(y_t \mid x_t)}{\partial \xi^2}\right\} \end{aligned} \tag{4.12}$$

となる. 上式の右辺第 2 項は

$$-E\left\{\frac{\partial^2 \log p(y_t \mid x_t)}{\partial \xi^2}\right\} = \begin{bmatrix} 0 & 0 \\ 0 & -E\left\{\frac{\partial^2 \log p(y_t \mid x_t)}{\partial x_t^2}\right\} \end{bmatrix}$$

[*1] η と x_t を縦に並べて書くべきであるが, 本章ではこのような略記法を用いる.

4.2 ベイズ情報行列

となる．ここで，

$$K_t = -E\left\{\frac{\partial^2 \log p(y_t \mid x_t)}{\partial x_t^2}\right\} \in \mathbb{R}^{n \times n} \tag{4.13}$$

とおくと，式 (4.9) を用いて式 (4.12) から

$$J_{t/t}(X^t) = \begin{bmatrix} A_t & B_t \\ B_t^{\mathrm{T}} & C_t + K_t \end{bmatrix} \tag{4.14}$$

を得る．したがって，命題 2.5 と式 (4.11), (4.14) から

$$J_{t/t}(x_t) = J_{t/t-1}(x_t) + K_t \tag{4.15}$$

となる．すなわち，上式は濾波推定値に対する情報行列が 1 段予測推定値に対する情報行列 $J_{t/t-1}(x_t)$ と観測値 y_t がもたらす x_t に関する情報行列 K_t の和となることを示している．

例 4.1. $x \in \mathbb{R}^n$, $y \in \mathbb{R}^p$, $v \in \mathbb{R}^p$ として，簡単な非線形モデル

$$y = h(x) + v, \qquad x \sim N(\bar{x}, P), \qquad v \sim N(0, R)$$

を考える．ただし，$h(x): \mathbb{R}^n \to \mathbb{R}^p$ は非線形関数であり，x と v は独立であるとする．このとき，$p(x,y) = p(y \mid x)p(x)$ から，

$$\log p(x,y) = c - \frac{1}{2}(y - h(x))^{\mathrm{T}} R^{-1}(y - h(x)) - \frac{1}{2}(x - \bar{x})^{\mathrm{T}} P^{-1}(x - \bar{x})$$

となる．ただし，c は x, y には依存しない定数である．よって，

$$\begin{aligned}\lambda := \frac{\partial \log p(x,y)}{\partial x} &= [h'(x)]^{\mathrm{T}} R^{-1}(y - h(x)) - P^{-1}(x - \bar{x}) \\ &= [h'(x)]^{\mathrm{T}} R^{-1} v - P^{-1}(x - \bar{x})\end{aligned}$$

を得る．ただし，$h'(x) = \partial h(x)/\partial x \in \mathbb{R}^{p \times n}$ はヤコビアンである [式 (4.23) 参照]．式 (2.26) から $J = E\{\lambda \lambda^{\mathrm{T}}\}$ となるので，

$$\begin{aligned}J = {}& E\left\{[h'(x)]^{\mathrm{T}} R^{-1} v v^{\mathrm{T}} R^{-1} [h'(x)]\right\} - E\left\{[h'(x)]^{\mathrm{T}} R^{-1} v (x - \bar{x})^{\mathrm{T}} P^{-1}\right\} \\ & - E\left\{P^{-1}(x - \bar{x}) v^{\mathrm{T}} R^{-1} [h'(x)]\right\} + E\left\{P^{-1}(x - \bar{x})(x - \bar{x})^{\mathrm{T}} P^{-1}\right\}\end{aligned}$$

を得る．上式右辺の期待値は結合確率密度関数 $p(x,v)$ に関するものである．仮定から x と v は独立であり，$p(x,v) = p(x)p(v)$ となるので，先に v について期待値をとり，その後で x について期待値をとる．まず第1項は $E\{vv^\mathrm{T}\} = R$ から，$E\{[h'(x)]^\mathrm{T} R^{-1}[h'(x)]\}$ となる．これは式 (4.13) で定義した情報行列 K_t である．また第2，第3項は v に関して期待値をとると 0 となり，第4項は x について期待値をとると P^{-1} となる．よって，つぎの結果を得る．

$$J = E\{[h'(x)]^\mathrm{T} R^{-1}[h'(x)]\} + P^{-1}$$

もし，$h(x) = Hx$（線形）であれば，$h'(x) = H$ となるので，上式は式 (2.48) の M^{-1} に帰着する． □

命題 2.4 から任意の非線形フィルタの 1 段予測推定値 $\check{x}_{t/t-1}$ および濾波推定値 $\check{x}_{t/t}$ の推定誤差共分散行列に関して，つぎの評価式が成立する．

定理 4.1. 事後クラメール・ラオ不等式

$$E\{[\check{x}_{t/t-1} - x_t][\check{x}_{t/t-1} - x_t]^\mathrm{T}\} \geq J_{t/t-1}^{-1}(x_t) \tag{4.16}$$

$$E\{[\check{x}_{t/t} - x_t][\check{x}_{t/t} - x_t]^\mathrm{T}\} \geq J_{t/t}^{-1}(x_t) \tag{4.17}$$

が成立する．ただし，逆行列の存在は仮定する． □

事後クラメール・ラオ不等式の下限を求めるには情報行列の逆行列が必要になる．情報行列を与える公式 (4.11) では，サイズが t に比例して大きくなる行列 $A_t \in \mathbb{R}^{tn \times tn}$ の逆行列が必要になる．しかし，この逆行列を直接計算することは非常に難しい．以下では，$J_{t/t-1}(x_t)$ を逐次的に計算する Tichavský, Šimandl 他[82,92)] のアルゴリズムを紹介する．

4.3 情報行列の逐次計算法

逐次的方法を考えるために，結合確率密度関数 $p_{t+1} = p(X^{t+1}, Y^t)$ および $p_t = p(X^t, Y^{t-1})$ の関係を導く．まず式 (4.1) とベイズの定理から

4.3 情報行列の逐次計算法

$$p(X^{t+1}, Y^t) = p(x_{t+1}, X^t, Y^t) = p(x_{t+1} \mid X^t, Y^t)p(X^t, Y^t)$$
$$= p(x_{t+1} \mid x_t)p(y_t \mid X^t, Y^{t-1})p(X^t, Y^{t-1})$$

を得る．よって，式 (4.2) を用いると次式が成立する．

$$p_{t+1} = p(x_{t+1} \mid x_t)p(y_t \mid x_t)p_t, \qquad p_0 = p(x_0)$$

ここに，p_0 は x_0 の事前確率密度関数である．上式の対数をとると

$$\log p_{t+1} = \log p_t + \log p(x_{t+1} \mid x_t) + \log p(y_t \mid x_t) \qquad (4.18)$$

となる．さらに，$\log p(x_{t+1} \mid x_t)$ を x_t および x_{t+1} で 2 階偏微分して得られるつぎの 3 個の $n \times n$ 行列を定義する．

$$D_t^{(11)} = -E\left\{\frac{\partial^2 \log p(x_{t+1} \mid x_t)}{\partial x_t^2}\right\}$$
$$D_t^{(21)} = -E\left\{\frac{\partial^2 \log p(x_{t+1} \mid x_t)}{\partial x_{t+1} \partial x_t}\right\} = (D_t^{(12)})^{\mathrm{T}} \qquad (4.19)$$
$$D_t^{(22)} = -E\left\{\frac{\partial^2 \log p(x_{t+1} \mid x_t)}{\partial x_{t+1}^2}\right\}$$

さて $\rho = X^{t+1}$ とおくと，$\rho = (\eta, x_t, x_{t+1})$ であるから，Y^t に基づく X^{t+1} の情報行列は [式 (4.9) 参照]

$$J_{t+1/t}(X^{t+1}) = -E\left\{\frac{\partial^2 \log p_{t+1}}{\partial \rho^2}\right\} = \begin{bmatrix} A_{t+1} & B_{t+1} & L_{t+1} \\ B_{t+1}^{\mathrm{T}} & C_{t+1} & M_{t+1} \\ L_{t+1}^{\mathrm{T}} & M_{t+1}^{\mathrm{T}} & N_{t+1} \end{bmatrix}$$

となる．上式右辺の 3×3 ブロック行列の各成分は式 (4.18) および式 (4.19) の関係を用いて，以下のように計算できる．

$\eta = X^{t-1}$ であることに注意すると，

$$A_{t+1} = -E\left\{\frac{\partial^2 \log p_{t+1}}{\partial \eta^2}\right\} = -E\left\{\frac{\partial^2 \log p_t}{\partial \eta^2}\right\} + 0 + 0 = A_t$$

となる．ここに，A_t は式 (4.10) で与えられる．同様に，

$$B_{t+1} = -E\left\{\frac{\partial^2 \log p_{t+1}}{\partial \eta \partial x_t}\right\} = -E\left\{\frac{\partial^2 \log p_t}{\partial \eta \partial x_t}\right\} + 0 + 0 = B_t$$

となる．また，式 (4.10), (4.13), (4.19) から

$$\begin{aligned}C_{t+1} &= -E\left\{\frac{\partial^2 \log p_{t+1}}{\partial x_t^2}\right\} \\ &= -E\left\{\frac{\partial^2 \log p_t}{\partial x_t^2}\right\} - E\left\{\frac{\partial^2 \log p(x_{t+1}\mid x_t)}{\partial x_t^2}\right\} \\ &\quad - E\left\{\frac{\partial^2 \log p(y_t\mid x_t)}{\partial x_t^2}\right\} = C_t + D_t^{(11)} + K_t\end{aligned}$$

が成立する．さらに，式 (4.18) から $L_{t+1} = 0$, $M_{t+1} = D_t^{(12)}$, $N_{t+1} = D_t^{(22)}$ となることも容易にわかる．以上をまとめると，

$$J_{t+1/t}(X^{t+1}) = \begin{bmatrix} A_t & B_t & 0 \\ B_t^{\mathrm{T}} & C_t + D_t^{(11)} + K_t & D_t^{(12)} \\ 0 & D_t^{(21)} & D_t^{(22)} \end{bmatrix} \quad (4.20)$$

となる．よって，以下の定理を得る．

定理 4.2. 1 段予測推定値に対する情報行列は

$$J_{t+1/t}(x_{t+1}) = D_t^{(22)} - D_t^{(21)}\left[J_{t/t-1}(x_t) + D_t^{(11)} + K_t\right]^{-1} D_t^{(12)} \quad (4.21)$$

によって，逐次的に計算できる．ただし，初期値は

$$J_{0/-1}(x_0) = -E\left\{\frac{\partial^2 \log p(x_0)}{\partial x_0^2}\right\} \quad (4.22)$$

で与えられる．したがって，濾波推定値に対する情報行列 $J_{t/t}(x_t)$ も式 (4.15) から計算できる．

証明 命題 2.5 より，求める情報行列は式 (4.20) の左上 2×2 ブロック行列のシュール補行列である．よって，

$$\begin{aligned}J_{t+1/t} &= D_t^{(22)} - \begin{bmatrix} 0 & D_t^{(21)} \end{bmatrix} \begin{bmatrix} A_t & B_t \\ B_t^{\mathrm{T}} & C_t + D_t^{(11)} + K_t \end{bmatrix}^{-1} \begin{bmatrix} 0 \\ D_t^{(12)} \end{bmatrix} \\ &= D_t^{(22)} - D_t^{(21)}[C_t + D_t^{(11)} + K_t - B_t^{\mathrm{T}} A_t^{-1} B_t]^{-1} D_t^{(12)}\end{aligned}$$

が成立する．ここで，式 (4.11) を用いると式 (4.21) を得る．同じく，式 (4.11), (4.10) において $t=0$ とおくと $J_{0/-1}(x_0) = C_0$ となるので，式 (4.22) の初期条件も明らかである． □

式 (4.19) を用いて具体的に $D_t^{(ij)}$ を計算しよう．まず簡単のために，任意の非線形関数 $\varphi(x): \mathbb{R}^n \to \mathbb{R}^s$ のヤコビアンを

$$\varphi'(x) = \frac{\partial \varphi(x)}{\partial x} = \begin{bmatrix} \dfrac{\partial \varphi_1}{\partial x_1} & \dfrac{\partial \varphi_1}{\partial x_2} & \cdots & \dfrac{\partial \varphi_1}{\partial x_n} \\ \vdots & \vdots & & \vdots \\ \dfrac{\partial \varphi_s}{\partial x_1} & \dfrac{\partial \varphi_s}{\partial x_2} & \cdots & \dfrac{\partial \varphi_s}{\partial x_n} \end{bmatrix} \in \mathbb{R}^{s \times n} \qquad (4.23)$$

と表す．式 (4.1), (4.2) の雑音 w_t, v_t はガウス白色雑音であるから，

$$\log p(x_{t+1} \mid x_t) = c_1 - \frac{1}{2}[x_{t+1} - f_t(x_t)]^\mathrm{T} Q_t^{-1}[x_{t+1} - f_t(x_t)] \qquad (4.24)$$

$$\log p(y_t \mid x_t) = c_2 - \frac{1}{2}[y_t - h_t(x_t)]^\mathrm{T} R_t^{-1}[y_t - h_t(x_t)] \qquad (4.25)$$

となる．ただし，c_1, c_2 は定数である．したがって，式 (4.24), (4.25) から

$$\begin{aligned}
\lambda_t^{(1)} &:= \frac{\partial}{\partial x_t} \log p(x_{t+1} \mid x_t) = -[f_t'(x_t)]^\mathrm{T} Q_t^{-1}[f_t(x_t) - x_{t+1}] \\
&= [f_t'(x_t)]^\mathrm{T} Q_t^{-1} w_t \\
\lambda_t^{(2)} &:= \frac{\partial}{\partial x_{t+1}} \log p(x_{t+1} \mid x_t) = -Q_t^{-1}[x_{t+1} - f_t(x_t)] = -Q_t^{-1} w_t \\
\lambda_t^{(3)} &:= \frac{\partial}{\partial x_t} \log p(y_t \mid x_t) = [h_t'(x_t)]^\mathrm{T} R_t^{-1}[y_t - h_t(x_t)] = [h_t'(x_t)]^\mathrm{T} R_t^{-1} v_t
\end{aligned}$$

を得る．ここで，式 (4.19) および式 (2.26) の表現を用いると，$D_t^{(11)}$ は

$$D_t^{(11)} = E\{\lambda_t^{(1)}(\lambda_t^{(1)})^\mathrm{T}\} = E\left\{[f_t'(x_t)]^\mathrm{T} Q_t^{-1} w_t w_t^\mathrm{T} Q_t^{-1}[f_t'(x_t)]\right\}$$

となる．上式右辺の期待値は $p(x_t, w_t)$ に関するものであるが，x_t と w_t は独立であるから，$p(x_t, w_t) = p(x_t)p(w_t)$ となる．よって，先に w_t について期待値をとり，後で x_t について期待値をとると，

$$D_t^{(11)} = E\left\{[f_t'(x_t)]^{\mathrm{T}} Q_t^{-1} [f_t'(x_t)]\right\} \tag{4.26}$$

となる.同様にして,

$$\begin{aligned} D_t^{(12)} &= E\{\lambda_t^{(1)}(\lambda_t^{(2)})^{\mathrm{T}}\} = -E\left\{[f_t'(x_t)]^{\mathrm{T}} Q_t^{-1} w_t w_t^{\mathrm{T}} Q_t^{-1}\right\} \\ &= -E\{[f_t'(x_t)]^{\mathrm{T}}\} Q_t^{-1} \end{aligned} \tag{4.27}$$

$$D_t^{(22)} = E\{\lambda_t^{(2)}(\lambda_t^{(2)})^{\mathrm{T}}\} = E\left\{Q_t^{-1} w_t w_t^{\mathrm{T}} Q_t^{-1}\right\} = Q_t^{-1} \tag{4.28}$$

$$\begin{aligned} K_t &= E\{\lambda_t^{(3)}(\lambda_t^{(3)})^{\mathrm{T}}\} = E\left\{[h_t'(x_t)]^{\mathrm{T}} R_t^{-1} v_t v_t^{\mathrm{T}} R_t^{-1} [h_t'(x_t)]\right\} \\ &= E\left\{[h_t'(x_t)]^{\mathrm{T}} R_t^{-1} [h_t'(x_t)]\right\} \end{aligned} \tag{4.29}$$

を得る.また初期分布が $x_0 \sim N(\bar{x}_0, P_0)$ であることに注意すると,式 (4.22) から $J_{0/-1} = P_0^{-1}$ となるので,式 (4.26) 〜 (4.29) を定理 4.2 の式 (4.21) に用いることにより,$J_{t/t-1}(x_t)$ および $J_{t/t}(x_t)$ を計算することができる.

式 (4.26) 〜 (4.29) からわかるように,情報行列は実際の観測データには無関係でシステムの非線形特性および雑音と初期分布の 2 次統計量のみに依存する.情報行列を計算する際の問題点は式 (4.26), (4.27), (4.29) において,各時点 t における $p(x_t)$ に関する期待値の計算をいかに行うかということである.この期待値は次節で述べるように線形確率システムを除いては解析的に計算することはできないが,モンテカルロ法によって多数のサンプル $x_t^{(i)}, i = 1, \cdots, M$ を生成することによって,例えば式 (4.26) の期待値は

$$E\left\{[f_t'(x_t)]^{\mathrm{T}} Q_t^{-1} [f_t'(x_t)]\right\} \simeq \frac{1}{M} \sum_{i=1}^{M} [f_t'(x_t^{(i)})]^{\mathrm{T}} Q_t^{-1} [f_t'(x_t^{(i)})]$$

によって近似的に評価することができる.

例 4.2. システム雑音が存在しない場合 ($w_t = 0$),初期状態 x_0 が与えられると,$x_t, t = 0, 1, \cdots$ は確定過程となる.よって,式 (4.26), (4.27), (4.29) の期待値は不要となるので,期待値を表す記号 E を取り除くと,

$$D_t^{(11)} = F_t^{\mathrm{T}} Q_t^{-1} F_t, \quad D_t^{(12)} = -F_t^{\mathrm{T}} Q_t^{-1}, \quad K_t = H_t^{\mathrm{T}} R_t^{-1} H_t$$

となる．ただし，$F_t = f'_t(x_t)$，$H_t = h'_t(x_t)$ はヤコビアンであり，x_t に依存する．よって，式 (4.21) から

$$J_{t+1/t} = Q_t^{-1} - Q_t^{-1} F_t \left(J_{t/t-1} + K_t + F_t^{\mathrm{T}} Q_t^{-1} F_t \right)^{-1} F_t^{\mathrm{T}} Q_t^{-1}$$

を得る．上式右辺に逆行列補題（演習問題 2.6 (c)）を適用すると

$$J_{t+1/t} = [F_t (J_{t/t-1} + K_t)^{-1} F_t^{\mathrm{T}} + Q_t]^{-1}$$

となる．ここで，$Q_t = 0$ とおき，F_t が正則であると仮定すると，

$$J_{t+1/t} = (F_t^{-1})^{\mathrm{T}} (J_{t/t-1} + K_t) F_t^{-1} \tag{4.30}$$

を得る．上式は 1 段予測推定値に対する情報行列の満足する方程式である．初期状態 x_0 に関する事前情報が $N(\bar{x}_0, P_0)$ であれば，式 (4.30) に対する初期条件は $J_{0/-1} = P_0^{-1}$ となる（例 4.1 参照）．また，事前情報がなければ $P_0 \to I_n \cdot \infty$ として，$J_{0/-1} = 0$ とおけばよい． □

4.4 線形確率システムの情報行列

第 3 章で考察した線形確率システムの場合，情報行列はカルマンフィルタの推定誤差共分散行列の逆行列であることを示す．この場合，$f_t(x_t) = F_t x_t$ および $h_t(x_t) = H_t x_t$ であるから，式 (4.24)，(4.25) は

$$\log p(x_{t+1} \mid x_t) = c_1 - \frac{1}{2}[x_{t+1} - F_t x_t]^{\mathrm{T}} Q_t^{-1} [x_{t+1} - F_t x_t]$$

$$\log p(y_t \mid x_t) = c_2 - \frac{1}{2}[y_t - H_t x_t]^{\mathrm{T}} R_t^{-1} [y_t - H_t x_t]$$

となる．よって，式 (4.19)，あるいは式 (4.26)，(4.27) において $f'_t(x_t) = F_t$，$h'_t(x_t) = H_t$ とおくと，

$$D_t^{(11)} = F_t^{\mathrm{T}} Q_t^{-1} F_t, \qquad D_t^{(12)} = -F_t^{\mathrm{T}} Q_t^{-1}, \qquad D_t^{(22)} = Q_t^{-1}$$

を得る．式 (4.13) から $K_t = H_t^{\mathrm{T}} R_t^{-1} H_t$ となるので，式 (4.15) から

$$J_{t/t}(x_t) = J_{t/t-1}(x_t) + H_t^{\mathrm{T}} R_t^{-1} H_t \tag{4.31}$$

が成立する．よって，式 (4.21), (4.31) から

$$J_{t+1/t}(x_{t+1}) = Q_t^{-1} - Q_t^{-1} F_t \Big[J_{t/t}(x_t) + F_t^{\mathrm{T}} Q_t^{-1} F_t \Big]^{-1} F_t^{\mathrm{T}} Q_t^{-1}$$

を得る．ここで逆行列補題を用いると，

$$J_{t+1/t}^{-1}(x_{t+1}) = F_t J_{t/t}^{-1}(x_t) F_t^{\mathrm{T}} + Q_t \tag{4.32}$$

となる．よって，式 (4.31) に逆行列補題を用いると $P_{t/t} = J_{t/t}^{-1}(x_t)$ は定理 3.2 の式 (3.25) を満足する．また式 (4.32) から $P_{t+1/t} = J_{t+1/t}^{-1}(x_t)$ は同じく式 (3.26) [ただし $G_t = I_n$] を満足することがわかる．すなわち，情報行列の逆行列は定理 3.2 のリカッチ方程式を満足する．言い換えると，カルマンフィルタによる推定値は線形確率システムに対する最小分散推定値であり，情報行列は推定誤差共分散行列の逆行列に一致している．

カルマンフィルタは状態ベクトルの最小分散推定値を与えるので，これは当然の結果である．

4.5 状態およびパラメータの同時推定

システムが未知パラメータ θ を含む場合の情報行列を計算しよう．$\boldsymbol{x}_t = (x_t, \theta)$ を拡大状態ベクトルとすると，4.3 節の結果が適用できそうである．しかし，拡大状態ベクトルの一部が雑音を含まない確定的なものとなり，拡大システムの雑音共分散行列は退化する．このため，$\boldsymbol{x}_t$ の遷移確率分布を解析的に計算することができず，定理 4.2 は適用できない．よって，部分情報行列 $J_{t/t-1}(x_t, \theta)$ から $J_{t/t}(x_t, \theta)$, $J_{t+1/t}(x_{t+1}, \theta)$ への推移を別途計算する必要がある．

4.5.1　1 段予測推定値および濾波推定値の情報行列

計算方法は 4.2 節とまったく同じである．$\xi = (X^t, \theta) = (\eta, x_t, \theta)$ とおき，結合確率密度関数

$$p_t = p(X^t, \theta, Y^{t-1}) = p(\eta, x_t, \theta, Y^{t-1})$$

4.5 状態およびパラメータの同時推定

を考える.このとき,(X^t, θ) の 1 段予測推定値に関する情報行列は

$$J_{t/t-1}(X^t, \theta) = -E\left\{\frac{\partial^2 \log p_t}{\partial \xi^2}\right\} = \begin{bmatrix} A_t & B_t & F_t \\ B_t^{\mathrm{T}} & C_t^{(11)} & C_t^{(12)} \\ F_t^{\mathrm{T}} & C_t^{(21)} & C_t^{(22)} \end{bmatrix} \quad (4.33)$$

で与えられる.ただし,

$$A_t = -E\left\{\frac{\partial^2 \log p_t}{\partial \eta^2}\right\}, \quad B_t = -E\left\{\frac{\partial^2 \log p_t}{\partial \eta \partial x_t}\right\}, \quad F_t = \left\{\frac{\partial^2 \log p_t}{\partial \eta \partial \theta}\right\}$$

および

$$C_t^{(11)} = -E\left\{\frac{\partial^2 \log p_t}{\partial x_t^2}\right\}, \quad C_t^{(12)} = -E\left\{\frac{\partial^2 \log p_t}{\partial x_t \partial \theta}\right\} = (C_t^{(21)})^{\mathrm{T}}$$

$$C_t^{(22)} = -E\left\{\frac{\partial^2 \log p_t}{\partial \theta^2}\right\}$$

である.したがって,式 (4.33) の A_t に関するシュール補行列から,(x_t, θ) に関する部分情報行列は

$$J_{t/t-1}(x_t, \theta) = \begin{bmatrix} C_t^{(11)} - B_t^{\mathrm{T}} A_t^{-1} B_t & C_t^{(12)} - B_t^{\mathrm{T}} A_t^{-1} F_t \\ C_t^{(21)} - F_t^{\mathrm{T}} A_t^{-1} B_t & C_t^{(22)} - F_t^{\mathrm{T}} A_t^{-1} F_t \end{bmatrix} \quad (4.34)$$

となる.上式の (1,1) ブロック要素は式 (4.11) と同じものである.

つぎに,$q_t = p(X^t, \theta, Y^t)$ とおくと,

$$q_t = p(X^t, \theta, Y^{t-1}, y_t)$$
$$= p(y_t \mid X^t, \theta, Y^{t-1}) p(X^t, \theta, Y^{t-1}) = p(y_t \mid x_t, \theta) p_t$$

となるので,

$$\log q_t = \log p_t + \log p(y_t \mid x_t, \theta)$$

を得る.このとき,濾波推定値に関する情報行列は

$$J_{t/t}(X^t, \theta) = -E\left\{\frac{\partial^2 \log q_t}{\partial \xi^2}\right\}$$
$$= -E\left\{\frac{\partial^2 \log p_t}{\partial \xi^2}\right\} - E\left\{\frac{\partial^2 \log p(y_t \mid x_t, \theta)}{\partial \xi^2}\right\} \quad (4.35)$$

となる．ここで,

$$K_t^{(11)} = -E\left\{\frac{\partial^2 \log p(y_t \mid x_t, \theta)}{\partial x_t^2}\right\}$$

$$K_t^{(21)} = -E\left\{\frac{\partial^2 \log p(y_t \mid x_t, \theta)}{\partial \theta \partial x_t}\right\} = (K_t^{(12)})^{\mathrm{T}} \quad (4.36)$$

$$K_t^{(22)} = -E\left\{\frac{\partial^2 \log p(y_t \mid x_t, \theta)}{\partial \theta^2}\right\}$$

と定義すると，式 (4.33)，(4.35) から

$$J_{t/t}(X^t, \theta) = \begin{bmatrix} A_t & B_t & F_t \\ B_t^{\mathrm{T}} & C_t^{(11)} + K_t^{(11)} & C_t^{(12)} + K_t^{(12)} \\ F_t^{\mathrm{T}} & C_t^{(21)} + K_t^{(21)} & C_t^{(22)} + K_t^{(22)} \end{bmatrix} \quad (4.37)$$

を得る．上式右辺の左上 2×2 ブロック行列は，式 (4.14) と同じものである．ここで，式 (4.15) に対応する (x_t, θ) の濾波推定値に関する部分情報行列は式 (4.37) から

$$J_{t/t}(x_t, \theta) = \begin{bmatrix} C_t^{(11)} - B_t^{\mathrm{T}} A_t^{-1} B_t + K_t^{(11)} & C_t^{(12)} - B_t^{\mathrm{T}} A_t^{-1} F_t + K_t^{(12)} \\ C_t^{(21)} - F_t^{\mathrm{T}} A_t^{-1} B_t + K_t^{(21)} & C_t^{(22)} - F_t^{\mathrm{T}} A_t^{-1} F_t + K_t^{(22)} \end{bmatrix}$$

となる．よって，式 (4.34) を用いると

$$J_{t/t}(x_t, \theta) = J_{t/t-1}(x_t, \theta) + K_t(x_t, \theta) \quad (4.38)$$

を得る．ただし，$K_t(x_t, \theta)$ は式 (4.36) の $K_t^{(ij)}$ を要素とする 2×2 ブロック行列である．

4.5.2 情報行列の逐次計算法

4.3 節の方法にならって情報行列の逐次計算法を考える．マルコフ性から

$$p_{t+1} = p(X^t, \theta, x_{t+1}, Y^t) = p(x_{t+1} \mid x_t, \theta) p(y_t \mid x_t, \theta) p_t$$

が成立するので，

$$\log p_{t+1} = \log p_t + \log p(x_{t+1} \mid x_t, \theta) + \log p(y_t \mid x_t, \theta)$$

4.5 状態およびパラメータの同時推定

を得る．ここで，$D_t^{(ij)}, i,j = 1,2,3$ を

$$D_t^{(11)} = -E\left\{\frac{\partial^2 \log p(x_{t+1} \mid x_t, \theta)}{\partial x_t^2}\right\}$$

$$D_t^{(21)} = -E\left\{\frac{\partial^2 \log p(x_{t+1} \mid x_t, \theta)}{\partial \theta \partial x_t}\right\}$$

$$D_t^{(31)} = -E\left\{\frac{\partial^2 \log p(x_{t+1} \mid x_t, \theta)}{\partial x_{t+1} \partial x_t}\right\} \quad (4.39)$$

$$D_t^{(22)} = -E\left\{\frac{\partial^2 \log p(x_{t+1} \mid x_t, \theta)}{\partial \theta^2}\right\}$$

$$D_t^{(32)} = -E\left\{\frac{\partial^2 \log p(x_{t+1} \mid x_t, \theta)}{\partial x_{t+1} \partial \theta}\right\}$$

$$D_t^{(33)} = -E\left\{\frac{\partial^2 \log p(x_{t+1} \mid x_t, \theta)}{\partial x_{t+1}^2}\right\}$$

と定義する．ただし，$D_t^{(ij)} = (D_t^{(ji)})^{\mathrm{T}}$ である．上式の $D_t^{(ij)}$ は式 (4.19) の定義とは少しだけ異なっていることに注意されたい．

以下の計算はやや面倒であるが，最終的なアルゴリズムは定理 4.2 を拡張したもので，式 (4.36) の $K_t^{(ij)}$ と式 (4.39) の $D_t^{(ij)}$，および初期値 $J_{0/-1}(x_0, \theta)$ のみから構成される．

Y^t に基づく $\rho = (X^{t+1}, \theta) = (\eta, x_t, x_{t+1}, \theta)$ の情報行列は

$$J_{t+1/t}(X^{t+1}, \theta) = -E\left\{\frac{\partial^2 \log p_{t+1}}{\partial \rho^2}\right\} = \begin{bmatrix} A_{t+1} & B_{t+1} & F_{t+1} & L_{t+1} \\ B_{t+1}^{\mathrm{T}} & C_{t+1} & G_{t+1} & M_{t+1} \\ F_{t+1}^{\mathrm{T}} & G_{t+1}^{\mathrm{T}} & H_{t+1} & N_{t+1} \\ L_{t+1}^{\mathrm{T}} & M_{t+1}^{\mathrm{T}} & N_{t+1}^{\mathrm{T}} & S_{t+1} \end{bmatrix}$$

となる．4.3 節の場合と同様にして，上式右辺の各要素を計算すると，$\bar{J}_{t+1/t} := J_{t+1/t}(X^{t+1}, \theta)$ は

$$\bar{J}_{t+1/t} = \begin{bmatrix} A_t & B_t & 0 & F_t \\ B_t^{\mathrm{T}} & C_t^{(11)} + D_t^{(11)} + K_t^{(11)} & D_t^{(13)} & C_t^{(12)} + D_t^{(12)} + K_t^{(12)} \\ 0 & D_t^{(31)} & D_t^{(33)} & D_t^{(32)} \\ F_t^{\mathrm{T}} & C_t^{(21)} + D_t^{(21)} + K_t^{(21)} & D_t^{(23)} & C_t^{(22)} + D_t^{(22)} + K_t^{(22)} \end{bmatrix}$$

となる．ここで，$\bar{J}_{t+1/t}$ の左上 2×2 ブロック行列を

$$\varGamma_t = \begin{bmatrix} A_t & B_t \\ B_t^{\mathrm{T}} & C_t^{(11)} + D_t^{(11)} + K_t^{(11)} \end{bmatrix}$$

とおき，逆行列に関する公式（演習問題 2.6 (b)）を適用すると，

$$\varGamma_t^{-1} = \begin{bmatrix} \varTheta_t & -A_t^{-1} B_t \varDelta_t^{-1} \\ -\varDelta_t^{-1} B_t^{\mathrm{T}} A_t^{-1} & \varDelta_t^{-1} \end{bmatrix} \tag{4.40}$$

を得る．ただし，

$$\varTheta_t = A_t^{-1} + A_t^{-1} B_t \varDelta_t^{-1} B_t^{\mathrm{T}} A_t^{-1} \tag{4.41}$$

$$\varDelta_t = C_t^{(11)} + D_t^{(11)} + K_t^{(11)} - B_t^{\mathrm{T}} A_t^{-1} B_t \tag{4.42}$$

である．よって，(x_{t+1}, θ) に関する部分情報行列は行列 $\bar{J}_{t+1/t}$ の $\varGamma_t$ に関するシュール補行列で与えられるので，次式が成立する．

$$\begin{aligned} J_{t+1/t}(x_{t+1}, \theta) &= \begin{bmatrix} D_t^{(33)} & D_t^{(32)} \\ D_t^{(23)} & C_t^{(22)} + D_t^{(22)} + K_t^{(22)} \end{bmatrix} \\ &\quad - \begin{bmatrix} 0 & D_t^{(31)} \\ F_t^{\mathrm{T}} & C_t^{(21)} + D_t^{(21)} + K_t^{(21)} \end{bmatrix} \\ &\quad \times \varGamma_t^{-1} \begin{bmatrix} 0 & F_t \\ D_t^{(13)} & C_t^{(12)} + D_t^{(12)} + K_t^{(12)} \end{bmatrix} \end{aligned} \tag{4.43}$$

ここで，部分情報行列を

$$J_{t+1/t}(x_{t+1}, \theta) = \begin{bmatrix} J_{t+1/t}^{xx} & J_{t+1/t}^{x\theta} \\ J_{t+1/t}^{\theta x} & J_{t+1/t}^{\theta\theta} \end{bmatrix}, \quad J_{t/t}(x_t, \theta) = \begin{bmatrix} J_{t/t}^{xx} & J_{t/t}^{x\theta} \\ J_{t/t}^{\theta x} & J_{t/t}^{\theta\theta} \end{bmatrix}$$

のように分割する．式 (4.40) 〜 (4.42) を用いて式 (4.43) の (1,1) ブロック要素を計算すると次式を得る．

$$J_{t+1/t}^{xx} = D_t^{(33)} - D_t^{(31)} \varDelta_t^{-1} D_t^{(13)}, \quad \varDelta_t = J_{t/t}^{xx} + D_t^{(11)} \tag{4.44}$$

$D_t^{(ij)}$ の定義式 (4.19) と式 (4.39) に注意すると,θ が既知のパラメータであれば,式 (4.44) は定理 4.2 の式 (4.21) に帰着する.また (1,2) ブロック要素から

$$J_{t+1/t}^{x\theta} = D_t^{(32)} - D_t^{(31)} \Delta_t^{-1} [J_{t/t}^{x\theta} + D_t^{(12)}] \tag{4.45}$$

さらに,(2,2) ブロック要素から

$$J_{t+1/t}^{\theta\theta} = J_{t/t}^{\theta\theta} + D_t^{(22)} - (J_{t/t}^{\theta x} + D_t^{(21)}) \Delta_t^{-1} (J_{t/t}^{x\theta} + D_t^{(12)}) \tag{4.46}$$

を得る(紙面の都合で詳細な計算は省略し,読者の演習問題とする).

式 (4.44) 〜 (4.46) から,つぎの逐次計算アルゴリズムを得る.

定理 4.3.(逐次計算アルゴリズム)

1) 事前確率密度関数 $p(x_0)$, $p_a(\theta)$ から,初期条件

$$J_{0/-1}^{xx} = -E\left\{\frac{\partial^2 \log p(x_0)}{\partial x_0^2}\right\}, \quad J_{0/-1}^{\theta\theta} = -E\left\{\frac{\partial^2 \log p_a(\theta)}{\partial \theta^2}\right\}$$

を与え,$t = 0$ とおく.ただし,$J_{0/-1}^{x\theta} = 0$ と仮定する.

2) $[J_{t/t-1}(x_t, \theta) \to J_{t/t}(x_t, \theta)]$

$$\begin{bmatrix} J_{t/t}^{xx} & J_{t/t}^{x\theta} \\ J_{t/t}^{\theta x} & J_{t/t}^{\theta\theta} \end{bmatrix} = \begin{bmatrix} J_{t/t-1}^{xx} + K_t^{(11)} & J_{t/t-1}^{x\theta} + K_t^{(12)} \\ J_{t/t-1}^{\theta x} + K_t^{(21)} & J_{t/t-1}^{\theta\theta} + K_t^{(22)} \end{bmatrix}$$

3) $[J_{t/t}(x_t, \theta) \to J_{t+1/t}(x_{t+1}, \theta)]$

$$\begin{bmatrix} J_{t+1/t}^{xx} & J_{t+1/t}^{x\theta} \\ J_{t+1/t}^{\theta x} & J_{t+1/t}^{\theta\theta} \end{bmatrix} = \begin{bmatrix} D_t^{(33)} & D_t^{(32)} \\ D_t^{(23)} & J_{t/t}^{\theta\theta} + D_t^{(22)} \end{bmatrix}$$
$$- \begin{bmatrix} D_t^{(31)} \\ J_{t/t}^{\theta x} + D_t^{(21)} \end{bmatrix} \Delta_t^{-1} [D_t^{(13)} \quad J_{t/t}^{x\theta} + D_t^{(12)}]$$

ただし,$\Delta_t = J_{t/t}^{xx} + D_t^{(11)}$ である.

4) $t \leftarrow t+1$ とおいて,ステップ 2) へ戻る. □

例 4.3. 未知パラメータを含むスカラーシステム

$$x_{t+1} = \theta x_t + u_t + w_t, \qquad y_t = x_t + v_t \tag{4.47}$$

を考える．ここに，x_t は状態変数，θ は未知パラメータ，$u_t = 0.5\sin(2\pi t/50)$ は外部入力である．w_t と v_t は独立なガウス白色雑音，分散は $E\{w_t^2\} = q$, $E\{v_t^2\} = r$ である．また，初期条件は $x_0 \sim N(\bar{x}_0, \sigma_x^2)$ であると仮定する．$f_t = \theta x_t + u_t, h_t = x_t$ であるから，

$$\log p(x_{t+1} \mid x_t, \theta) = -\frac{1}{2q}(x_{t+1} - \theta x_t - u_t)^2 + c_1$$

$$\log p(y_t \mid x_t, \theta) = -\frac{1}{2r}(y_t - x_t)^2 + c_2$$

となる．ただし，c_1, c_2 は定数である．

シミュレーションに関して注意を述べる．本来は事前確率分布 $p_a(\theta)$, $p(x_0)$, $p(w_t)$ に従ってサンプル $\{(\theta^{(i)}, x_0^{(i)}, w_t^{(i)}), i = 1, \cdots, M\}$ を生成してモンテカルロ・シミュレーションを行うべきであるが，ここではパラメータは真値 $\theta^* = 0.9$ に固定する．$\theta^{(i)}$ を $N(\bar{\theta}, \sigma_\theta^2)$ に従ってランダムに生成するとシステムは不安定 ($|\theta| \geq 1$) となる可能性があり，その場合状態 x_t は発散するのでシミュレーションは停止する．これを避けるためには，事前確率分布 $p_a(\theta)$ を区間 $(0,1)$, あるいは $(-1,1)$ 上のベータ分布にとることが考えられるが[78]，ここでは簡単にパラメータは真値 $\theta^* = 0.9$ に固定した．式 (2.21), (2.23) の関係から，計算するのは厳密なベイズ情報行列ではなく，$p_a(\theta)$ に関する期待値を除いたフィッシャー情報行列と事前情報行列の和である．ここでは，この情報行列を $J_{t/t-1}(x_t, \theta^*)$, $J_{t/t}(x_t, \theta^*)$ と表す．もちろん，θ をランダムに生成して，フィッシャー情報行列の期待値を計算すれば，ベイズ情報行列を得る．

θ を定数と仮定すると，式 (4.39), (4.36) から

$$D_t^{(11)} = \frac{\theta^2}{q}, \quad D_t^{(21)} = \frac{2E\{x_t\}\theta - E\{x_{t+1}\} + u_t}{q}, \quad D_t^{(31)} = \frac{-\theta}{q}$$

$$D_t^{(22)} = \frac{E\{x_t^2\}}{q}, \quad D_t^{(32)} = \frac{-E\{x_t\}}{q}, \quad D_t^{(33)} = \frac{1}{q}$$

および

4.5 状態およびパラメータの同時推定

$$K_t^{(11)} = \frac{1}{r}, \qquad K_t^{(12)} = 0, \qquad K_t^{(22)} = 0$$

を得る. 初期値を $x_0 \sim N(0,5)$, 雑音の分散を $q = 0.36$, $r = 0.25$ として, 雑音 w_t を用いて式 (4.47) に従って $\{x_t, t = 0, 1, \cdots, N\}$ を M 組生成し, 各時点 t における $D_t, t = 0, 1, \cdots, N$ を求める. 初期条件 $J_{0/-1}^{xx} = 1/5$, $J_{0/-1}^{\theta\theta} = 1$, $J_{0/-1}^{x\theta} = 0$ を与えて, 定理 4.3 のアルゴリズムによって情報行列 $J_{t/t-1}(x_t, \theta^*)$, $J_{t/t}(x_t, \theta^*)$ を計算した. ただし, $N = 100$, $M = 1000$ である. また $J_{t/t}(x_t, \theta^*)$ の逆行列を

$$J_{t/t}^{-1}(x_t, \theta^*) = \begin{bmatrix} V_t^{xx} & V_t^{x\theta} \\ V_t^{\theta x} & V_t^{\theta\theta} \end{bmatrix}$$

と定義し, 図 4.1 にはクラメール・ラオ不等式の下限である対角要素 V_t^{xx} および $V_t^{\theta\theta}$ の時間変化をプロットしている. すなわち, どのような推定法を用いても, 推定誤差分散はこの曲線より小さくはならないことを示している. ただし, 計算はモンテカルロ法によるものであるから, この曲線はあくまで推定値である. しかも, パラメータは真値 θ^* に固定したものである. この図から, 状態 x_t の推定誤差分散の下限はすぐに一定値に達するが, パラメータの推定誤差分散の下限は緩やかに減少を続けることがわかる. □

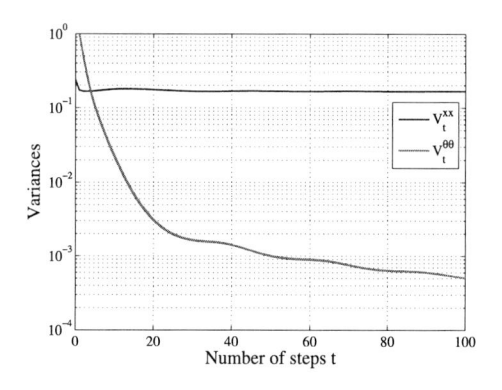

図 4.1 クラメール・ラオの下限 ($M = 1000$)

第 5 章の EKF アルゴリズムによるパラメータ推定の例題において, この下限がどの程度実際の推定値の評価に役立つかを示す.

4.6　ノ　ー　ト

- 本章では，Tichavský 他[92]，Šimandl 他[82] および Ristic 他[78] を参考にして，非線形フィルタの性能を評価するための（ベイズ）情報行列と事後クラメール・ラオ不等式について解説した．なお Šimandl 他[82] には平滑推定値に対する情報行列も与えられている．
- 4.1 節では，非線形フィルタリングの問題点として，最適フィルタを解析的に求めることは例外を除いてほとんど不可能であること[37]，および近似フィルタの重要性について述べた．非線形フィルタリングに関しては Jazwinski[54]，Anderson-Moore[24]，Daum[37]，Grewal-Andrews[46]，また和書では國田[9] が参考になる．
- 4.2 節では，2.3 節の結果に基づいて，近似フィルタの推定誤差共分散行列を評価するために必要となる情報行列とクラメール・ラオ不等式を紹介し，さらに 1 段予測推定値および濾波推定値に対する 2 つの情報行列の関係を明らかにした．
- 4.3 節では，1 段予測推定値および濾波推定値の推定誤差共分散行列に対するクラメール・ラオ不等式の下限を逐次的に計算するアルゴリズムを導き，またそれを適用する際にモンテカルロ法が必要になることを説明した．
- 4.4 節では，線形確率システムのベイズ情報行列の逆行列がカルマンフィルタの推定誤差共分散行列と一致することを示した．
- 4.5 節ではシステムが未知パラメータを含む場合の情報行列の逐次計算アルゴリズムを与えた．ただし，簡単のためにシミュレーションではパラメータには真値 θ^* を与えて，情報行列を計算した．

5

拡張カルマンフィルタ

　非線形フィルタリングに対してはこれまでに非常に多くの近似手法が提案されている．本章では，歴史的に最も古くわかり易い近似非線形フィルタである拡張カルマンフィルタ EKF について解説する．ついで，そのアルゴリズムを改良する繰り返し拡張カルマンフィルタ IEKF について述べ，さらに等価線形化カルマンフィルタ EqKF について簡単に紹介する．最後に，非線形カルマンフィルタの一般形について述べる．

5.1　非線形確率システム

つぎの離散時間非線形確率システム

$$x_{t+1} = f_t(x_t) + w_t \tag{5.1}$$

$$y_t = h_t(x_t) + v_t \tag{5.2}$$

を考える．ただし，$x_t \in \mathbb{R}^n$ は状態ベクトル，$y_t \in \mathbb{R}^p$ は観測ベクトル，$w_t \in \mathbb{R}^n$ はシステム雑音，$v_t \in \mathbb{R}^p$ は観測雑音である．非線形特性 $f_t : \mathbb{R}^n \to \mathbb{R}^n$，および $h_t : \mathbb{R}^n \to \mathbb{R}^p$ はそれぞれ式 (4.3) および式 (4.4) で与えられるとする．以下の議論を簡単にするために，雑音は加法的なガウス白色雑音であり，その平均値は 0，共分散行列は

$$E\left\{\begin{bmatrix} w_t \\ v_t \end{bmatrix} \begin{bmatrix} w_s^{\mathrm{T}} & v_s^{\mathrm{T}} \end{bmatrix}\right\} = \begin{bmatrix} Q_t & 0 \\ 0 & R_t \end{bmatrix} \delta_{ts}, \quad t, s = 0, 1, \cdots$$

であるとする.ただし,$Q_t \geq 0$, $R_t > 0$ である.また初期状態 x_0 は $N(\bar{x}_0, P_0)$ に従い,さらに $E\{w_t x_0^\mathrm{T}\} = 0$, $E\{v_t x_0^\mathrm{T}\} = 0$, $t = 0, 1, \cdots$ と仮定する.

時刻 0 から t までの観測データを $Y^t = \{y_0, \cdots, y_t\}$ とおき,つぎの状態推定問題を考える.

【状態推定問題】 観測データ Y^t に基づいて,ベイズリスク

$$J = E\{\|x_{t+m} - \hat{x}_{t+m/t}\|^2\}, \qquad m = 0, 1 \tag{5.3}$$

を最小にする最適推定値 $\hat{x}_{t+m/t}$ を求めよ. □

外部(制御)入力 u_t が Y^{t-1} の関数,例えば $u_t = \phi(\hat{x}_{t/t-1})$ であれば,これを $f_t(x_t, u_t)$, $h_t(x_t, u_t)$ のように式 (5.1), (5.2) のモデルに含めることができることを注意しておく.

2.2 節の結果から,式 (5.3) を最小にするベイズ推定値 $\hat{x}_{t+m/t}$ は Y^t に関する x_{t+m} の条件つき期待値

$$\hat{x}_{t+m/t} = E\{x_{t+m} \mid Y^t\} \tag{5.4}$$

で与えられるのは,線形確率システムに対するカルマンフィルタの場合と同じである.また,すでに述べたように条件つき確率密度関数の時間推移を記述する関数方程式は第 4 章の命題 4.1 で与えられる.

本章では,非線形フィルタの中で最もよく知られた拡張カルマンフィルタ EKF とその改良形である繰り返し拡張カルマンフィルタ IEKF,および等価線形化カルマンフィルタ EqKF について述べる.

5.2 拡張カルマンフィルタ:EKF

ここでは,後述の仮定 5.1 に基づいて,式 (5.4) の条件つき期待値 ($m = 1, 0$) を MAP 推定の立場から近似的に計算するという方針で EKF のアルゴリズムを導く.また,非線形関数 $f_t(x_t)$, $h_t(x_t)$ はヤコビアンが必要となるため微分可能であると仮定する.

5.2.1 観測更新ステップ

観測更新ステップ $[\hat{x}_{t/t-1}, P_{t/t-1}, y_t] \to [\hat{x}_{t/t}, P_{t/t}]$ の近似アルゴリズムを考える．ここで，つぎの仮定を導入する．

仮定 5.1. 条件つき確率密度関数 $p(x_t \mid Y^{t-1})$ はガウス分布

$$p(x_t \mid Y^{t-1}) = \frac{1}{\sqrt{(2\pi)^n |P_{t/t-1}|}} e^{-\frac{1}{2}\|x_t - \hat{x}_{t/t-1}\|^2_{P_{t/t-1}^{-1}}} \tag{5.5}$$

に従う．ただし，$t = 0, 1, \cdots$ である． □

まず，式 (5.2) から x_t が与えられたときの y_t の条件つき確率密度関数は

$$p(y_t \mid x_t) = \frac{1}{\sqrt{(2\pi)^p |R_t|}} e^{-\frac{1}{2}\|y_t - h_t(x_t)\|^2_{R_t^{-1}}} \tag{5.6}$$

となる．よって，式 (4.7), (5.5), (5.6) から Y^t に基づく x_t の事後確率密度関数

$$p(x_t \mid Y^t) = \frac{1}{c} e^{-\frac{1}{2}\|x_t - \hat{x}_{t/t-1}\|^2_{P_{t/t-1}^{-1}} -\frac{1}{2}\|y_t - h_t(x_t)\|^2_{R_t^{-1}}} \tag{5.7}$$

を得る．ただし，c は x_t には依存しない正規化の定数である．

以下では，式 (5.7) の事後確率密度関数を最大にする MAP 推定値 $\hat{x}_{t/t}$ を近似的に求めることを考える．すなわち，

$$-2\phi = \|x_t - \hat{x}_{t/t-1}\|^2_{P_{t/t-1}^{-1}} + \|y_t - h_t(x_t)\|^2_{R_t^{-1}} \tag{5.8}$$

を最小にする（近似解）$x_t = \hat{x}_{t/t}$ を求めよう．

EKF では，非線形関数 $h_t(x_t)$ を線形化して，式 (5.8) を最小化する近似解を求めている．$h_t(x_t)$ を1段予測推定値 $\hat{x}_{t/t-1}$ の近傍でテーラー展開すると，

$$h_t(x_t) = h_t(\hat{x}_{t/t-1}) + \left[\frac{\partial h_t}{\partial x_t}\right]_{x_t = \hat{x}_{t/t-1}} (x_t - \hat{x}_{t/t-1}) + \cdots \tag{5.9}$$

を得る．ただし，ヤコビアンは式 (4.4) から

$$H_t = \frac{\partial h_t}{\partial x_t} = \begin{bmatrix} \frac{\partial h_{1,t}}{\partial x_{1,t}} & \frac{\partial h_{1,t}}{\partial x_{2,t}} & \cdots & \frac{\partial h_{1,t}}{\partial x_{n,t}} \\ \vdots & \vdots & & \vdots \\ \frac{\partial h_{p,t}}{\partial x_{1,t}} & \frac{\partial h_{p,t}}{\partial x_{2,t}} & \cdots & \frac{\partial h_{p,t}}{\partial x_{n,t}} \end{bmatrix} \in \mathbb{R}^{p \times n}$$

で与えられる．以下では，$x_t = \hat{x}_{t/t-1}$ におけるヤコビアンを

$$\hat{H}_t = \left[\frac{\partial h_t}{\partial x_t}\right]_{x_t=\hat{x}_{t/t-1}} \tag{5.10}$$

とおく．$h_t(x_t)$ を式 (5.9) 右辺の第 2 項までで近似して，式 (5.8) に代入すると

$$-2\phi = \|x_t - \hat{x}_{t/t-1}\|^2_{P_{t/t-1}^{-1}} + \|y_t - h_t(\hat{x}_{t/t-1}) - \hat{H}_t(x_t - \hat{x}_{t/t-1})\|^2_{R_t^{-1}}$$

を得る[*1)]．式 (2.54) 左辺と上式を比較すると，

$$x = x_t, \quad \bar{x} = \hat{x}_{t/t-1}, \quad P = P_{t/t-1}$$
$$y = y_t - h_t(\hat{x}_{t/t-1}) + \hat{H}_t\hat{x}_{t/t-1}, \quad H = \hat{H}_t, \quad R = R_t$$

となるので，命題 2.9 から

$$-2\phi = \|x_t - \alpha\|^2_{M_t^{-1}} + \|y_t - h_t(\hat{x}_{t/t-1})\|^2_{V_t^{-1}}$$

が成立する．ただし，

$$\alpha = \hat{x}_{t/t-1} + P_{t/t-1}\hat{H}_t^{\mathrm{T}}V_t^{-1}[y_t - h_t(\hat{x}_{t/t-1})]$$
$$M_t = P_{t/t-1} - P_{t/t-1}\hat{H}_t^{\mathrm{T}}V_t^{-1}\hat{H}_t P_{t/t-1}$$
$$V_t = \hat{H}_t P_{t/t-1}\hat{H}_t^{\mathrm{T}} + R_t$$

である．明らかに，-2ϕ を最小にするのは $\hat{x}_{t/t} = \alpha$ であり，かつ $P_{t/t} = M_t$ となる．よって，濾波推定値と推定誤差共分散行列は

$$\hat{x}_{t/t} = \hat{x}_{t/t-1} + K_t[y_t - h_t(\hat{x}_{t/t-1})] \tag{5.11}$$
$$P_{t/t} = P_{t/t-1} - K_t \hat{H}_t P_{t/t-1} \tag{5.12}$$

となる．ただし，$K_t \in \mathbb{R}^{n \times p}$ は EKF のカルマンゲインであり，

$$K_t = P_{t/t-1}\hat{H}_t^{\mathrm{T}}[\hat{H}_t P_{t/t-1}\hat{H}_t^{\mathrm{T}} + R_t]^{-1} \tag{5.13}$$

で与えられる．

[*1)] 本章では近似式に対して等号を用いているが，誤解は生じないであろう．

5.2.2 時間更新ステップ

時間更新ステップ $[\hat{x}_{t/t}, P_{t/t}] \to [\hat{x}_{t+1/t}, P_{t+1/t}]$ の近似アルゴリズムを考える．時刻 t における条件つき期待値と共分散行列

$$\hat{x}_{t/t} = E\{x_t \mid Y^t\}, \qquad P_{t/t} = E\{[x_t - \hat{x}_{t/t}][x_t - \hat{x}_{t/t}]^{\mathrm{T}} \mid Y^t\}$$

が与えられていると仮定する．式 (5.1) から，Y^t に関する x_{t+1} の条件つき期待値は

$$\hat{x}_{t+1/t} = E\{f_t(x_t) + w_t \mid Y^t\} = E\{f_t(x_t) \mid Y^t\} \tag{5.14}$$

となる．ここで，$f_t(x_t)$ は微分可能であるから，$x_t = \hat{x}_{t/t}$ の近傍でテーラー展開すると，

$$f_t(x_t) = f_t(\hat{x}_{t/t}) + \left[\frac{\partial f_t}{\partial x_t}\right]_{x_t = \hat{x}_{t/t}} (x_t - \hat{x}_{t/t}) + \cdots \tag{5.15}$$

となる．ただし，ヤコビアンは式 (4.3) から

$$F_t = \frac{\partial f_t}{\partial x_t} = \begin{bmatrix} \frac{\partial f_{1,t}}{\partial x_{1,t}} & \frac{\partial f_{1,t}}{\partial x_{2,t}} & \cdots & \frac{\partial f_{1,t}}{\partial x_{n,t}} \\ \vdots & \vdots & & \vdots \\ \frac{\partial f_{n,t}}{\partial x_{1,t}} & \frac{\partial f_{n,t}}{\partial x_{2,t}} & \cdots & \frac{\partial f_{n,t}}{\partial x_{n,t}} \end{bmatrix} \in \mathbb{R}^{n \times n}$$

で与えられる．以下では，$x_t = \hat{x}_{t/t}$ におけるヤコビアンを

$$\hat{F}_t = \left[\frac{\partial f_t}{\partial x_t}\right]_{x_t = \hat{x}_{t/t}} \tag{5.16}$$

とおく．$\hat{F}_t$ は $\hat{x}_{t/t}$ の関数であるから Y^t-可測[*1)]であることに注意して，式 (5.15) の Y^t に関する条件つき期待値をとると，

$$\begin{aligned} E\{f_t(x_t) \mid Y^t\} &= f_t(\hat{x}_{t/t}) + E\{\hat{F}_t(x_t - \hat{x}_{t/t}) \mid Y^t\} + \cdots \\ &= f_t(\hat{x}_{t/t}) + \hat{F}_t E\{x_t - \hat{x}_{t/t} \mid Y^t\} + \cdots \\ &= f_t(\hat{x}_{t/t}) + 0 + \cdots \end{aligned}$$

を得る．よって，式 (5.14) の 1 次近似式は以下のようになる．

[*1)] $Y^t = \{y_0, y_1, \cdots, y_t\}$ の関数であることを意味する．

$$\hat{x}_{t+1/t} \simeq f_t(\hat{x}_{t/t}) \tag{5.17}$$

つぎに，1段予測誤差共分散行列を計算する．定義と式 (5.17) から

$$\begin{aligned}
P_{t+1/t} &= E\{[x_{t+1} - \hat{x}_{t+1/t}][x_{t+1} - \hat{x}_{t+1/t}]^{\mathrm{T}} \mid Y^t\} \\
&\simeq E\{[f_t(x_t) + w_t - f_t(\hat{x}_{t/t})][f_t(x_t) + w_t - f_t(\hat{x}_{t/t})]^{\mathrm{T}} \mid Y^t\} \\
&= E\{[f_t(x_t) - f_t(\hat{x}_{t/t})][f_t(x_t) - f_t(\hat{x}_{t/t})]^{\mathrm{T}} \mid Y^t\} \\
&\quad + E\{[f_t(x_t) - f_t(\hat{x}_{t/t})]w_t^{\mathrm{T}} \mid Y^t\} \\
&\quad + E\{w_t[f_t(x_t) - f_t(\hat{x}_{t/t})]^{\mathrm{T}} \mid Y^t\} + E\{w_t w_t^{\mathrm{T}} \mid Y^t\}
\end{aligned} \tag{5.18}$$

を得る．$X^t = \{x_0, x_1, \cdots, x_t\}$，および $Z^t = \{X^t, Y^t\}$ とおく．$Z^t \supset Y^t$ であり，$\xi_t := f_t(x_t) - f_t(\hat{x}_{t/t})$ は Z^t の関数（Z^t-可測）である．また仮定から $E\{w_t \mid Z^t\} = 0$ であることに注意すると，式 (5.18) 右辺の第 2 項は

$$E\{\xi_t w_t^{\mathrm{T}} \mid Y^t\} = E\{E\{\xi_t w_t^{\mathrm{T}} \mid Z^t\} \mid Y^t\} = E\{\xi_t E\{w_t^{\mathrm{T}} \mid Z^t\} \mid Y^t\} = 0$$

となる（命題 A.1 参照）．同様に第 3 項も 0 であり，第 4 項は明らかに Q_t となる．式 (5.18) の第 1 項を評価するために式 (5.15) の近似式を利用すると，$\xi_t \simeq \hat{F}_t(x_t - \hat{x}_{t/t})$ となるので，

$$E\{\xi_t \xi_t^{\mathrm{T}} \mid Y^t\} \simeq \hat{F}_t E\{[x_t - \hat{x}_{t/t}][x_t - \hat{x}_{t/t}]^{\mathrm{T}} \mid Y^t\} \hat{F}_t^{\mathrm{T}}$$

が成立する．よって，式 (5.18) は近似的に以下のようになる．

$$P_{t+1/t} \simeq \hat{F}_t P_{t/t} \hat{F}_t^{\mathrm{T}} + Q_t \tag{5.19}$$

すなわち，ヤコビアンを用いて予測誤差共分散行列が近似的に計算される．

EKF では推定誤差共分散行列およびフィルタゲインは $\hat{F}_t$, $\hat{H}_t$ を通して推定値，したがって観測データに依存することに注意しておこう．カルマンフィルタでは，カルマンゲインはデータとは無関係にシステム行列および雑音の統計的性質から決定される．

5.2.3　EKF アルゴリズムのまとめ

拡張カルマンフィルタのアルゴリズムをまとめておく．

定理 5.1. （拡張カルマンフィルタ）
1) 初期値を $\hat{x}_{0/-1} = \bar{x}_0$, $P_{0/-1} = P_0$ とおき，$t=0$ とする．
2) 観測更新ステップ　**Input**: $[\hat{x}_{t/t-1}, P_{t/t-1}, y_t]$ → **Output**: $[\hat{x}_{t/t}, P_{t/t}]$
   a) 観測ヤコビアン
$$\hat{H}_t = \left[\frac{\partial h_t}{\partial x_t}\right]_{x_t = \hat{x}_{t/t-1}}$$
   b) 拡張カルマンゲイン
$$K_t = P_{t/t-1}\hat{H}_t^{\mathrm{T}}[\hat{H}_t P_{t/t-1}\hat{H}_t^{\mathrm{T}} + R_t]^{-1}$$
   c) 濾波推定値
$$\hat{x}_{t/t} = \hat{x}_{t/t-1} + K_t[y_t - h_t(\hat{x}_{t/t-1})]$$
   d) 濾波推定誤差共分散行列
$$P_{t/t} = P_{t/t-1} - K_t \hat{H}_t P_{t/t-1}$$
3) 時間更新ステップ　**Input**: $[\hat{x}_{t/t}, P_{t/t}]$ → **Output**: $[\hat{x}_{t+1/t}, P_{t+1/t}]$
   a) 1段予測推定値
$$\hat{x}_{t+1/t} = f_t(\hat{x}_{t/t})$$
   b) 状態遷移ヤコビアン
$$\hat{F}_t = \left[\frac{\partial f_t}{\partial x_t}\right]_{x_t = \hat{x}_{t/t}}$$
   c) 予測誤差共分散行列
$$P_{t+1/t} = \hat{F}_t P_{t/t} \hat{F}_t^{\mathrm{T}} + Q_t$$
4) $t \leftarrow t+1$ としてステップ 2) へ戻る． □

以上のステップを繰り返すことにより，濾波推定値 $\hat{x}_{t/t}$, 1段予測推定値 $\hat{x}_{t+1/t}$ が逐次的に計算できる．

EKF アルゴリズムの特徴はヤコビアン $\hat{F}_t$, $\hat{H}_t$ を用いて推定誤差共分散行列やカルマンゲインが近似計算されている点にある．したがって，非線形性が強くて，ヤコビアンによる近似精度が良くない場合には，フィルタの性能が低下するのはやむを得ないことである．

EKF を用いたパラメータ推定と可観測性に関する結果を紹介する．

例 5.1. 未知パラメータを含むスカラーシステムを考える．

$$x_{t+1} = ax_t + bu_t + w_t, \qquad y_t = x_t + v_t \qquad (5.20)$$

ここに，u_t は外生入力，w_t, v_t はそれぞれ $N(0,q)$, $N(0,r)$ に従うガウス白色雑音である．ここで，観測データ y_t から EKF を用いて状態 x_t および未知パラメータ a, b を推定する問題を考えてみよう．$x_{1,t} = x_t$, $x_{2,t} = a$, $x_{3,t} = b$ とおくと，拡大非線形確率システム

$$\begin{bmatrix} x_{1,t+1} \\ x_{2,t+1} \\ x_{3,t+1} \end{bmatrix} = \begin{bmatrix} x_{1,t}x_{2,t} + x_{3,t}u_t \\ x_{2,t} \\ x_{3,t} \end{bmatrix} + \begin{bmatrix} w_t \\ 0 \\ 0 \end{bmatrix}$$

を得る．したがって，

$$f_{1,t} = x_{1,t}x_{2,t} + x_{3,t}u_t, \quad f_{2,t} = x_{2,t}, \quad f_{3,t} = x_{3,t}, \quad h_t = x_{1,t}$$

が成立するので，ヤコビアンは式 (5.10)，(5.16) から以下のようになる．

$$H_t = [1\ 0\ 0], \qquad F_t = \begin{bmatrix} x_{2,t} & x_{1,t} & u_t \\ 0 & 1 & 0 \\ 0 & 0 & 1 \end{bmatrix}$$

文献[77,85] から非線形系の時刻 t における「可観測行列」は

$$\mathcal{O}_3(t) = \begin{bmatrix} H_t \\ H_{t+1}F_t \\ H_{t+2}F_{t+1}F_t \end{bmatrix}$$

となるので，ヤコビアンを用いると

$$\mathcal{O}_3(t) = \begin{bmatrix} 1 & 0 & 0 \\ x_{2,t} & x_{1,t} & u_t \\ x_{2,t+1}x_{2,t} & x_{2,t+1}x_{1,t}+x_{1,t+1} & x_{2,t+1}u_t+u_{t+1} \end{bmatrix}$$

を得る [演習問題 3.5, および p. 169 の式 (B3) 参照]. $\mathcal{O}_3(t)$ のランクを求めるために行変形を行うと,

$$\mathrm{rank}\,\mathcal{O}_3(t) = \mathrm{rank} \begin{bmatrix} 1 & 0 & 0 \\ 0 & x_{1,t} & u_t \\ 0 & x_{1,t+1} & u_{t+1} \end{bmatrix}$$

となる．よって，$x_{1,t}/x_{1,t+1} \neq u_t/u_{t+1}$ であれば，$\mathrm{rank}\,\mathcal{O}_3(t) = 3$ となる．このことから，u_t がある程度変化する入力信号であれば，拡大システムは時刻 t において可観測となる．したがって，EKF を用いて状態変数 x_t と未知パラメータ a, b を同時に推定することができる．もちろん，推定値が「真」の値に収束するかどうかは別問題である．

u_t を $N(0,4)$ に従う白色雑音，$a=0.9$（未知），$b=1$（未知），$q=0.36$, $r=0.25$, $x_0=0$, $N=250$ として，データ u_t, y_t を生成して，EKF によって推定した未知パラメータ a および b の推定結果を図 5.1 に示す．ただし，EKF の初期値は

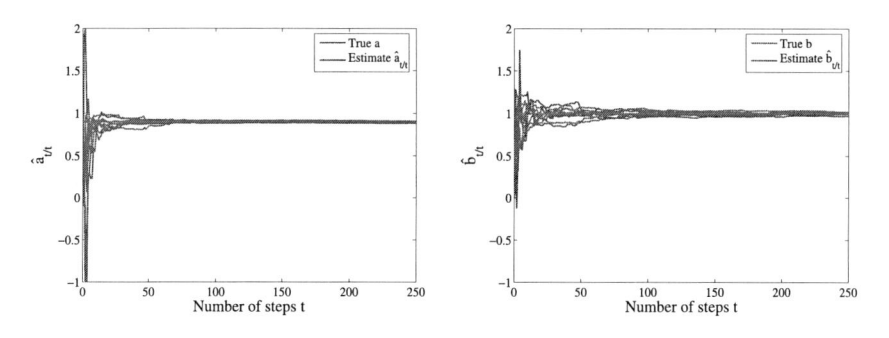

図 5.1　パラメータ a（左），b（右）の推定結果

$$\hat{x}_{0/-1} = \begin{bmatrix} 0 \\ 0 \\ 0 \end{bmatrix}, \quad P_{0/-1} = \begin{bmatrix} 4 & 0 & 0 \\ 0 & 4 & 0 \\ 0 & 0 & 4 \end{bmatrix}$$

であり，10 回のモンテカルロ・シミュレーションによる推定値の時間変化を重ねてプロットしたものである．a の推定値はかなり真値に近くなっている．他方，b の推定結果は入力 u_t に大きく依存するが，この場合 a の推定値よりも推定精度は悪くなっている． □

例 5.2. 例 5.1 のシステムに対して情報行列を計算してみよう．式 (5.20) から

$$-\log p(x_{t+1} \mid x_t, \theta) = \frac{1}{2q}(x_{t+1} - ax_t - bu_t)^2 + c_1$$

$$-\log p(y_t \mid x_t, \theta) = \frac{1}{2r}(y_t - x_t)^2 + c_2$$

となる．例 4.3 の場合と同様に，$\theta = (a, b)^{\mathrm{T}}$ は定数であると仮定すると，

$$D_t^{(11)} = \frac{a^2}{q}, \quad D_t^{(21)} = \frac{1}{q}\begin{bmatrix} 2aE\{x_t\} + bu_t - E\{x_{t+1}\} \\ au_t \end{bmatrix}$$

$$D_t^{(31)} = -\frac{a}{q}, \quad D_t^{(22)} = \frac{1}{q}\begin{bmatrix} E\{x_t^2\} & E\{x_t\}u_t \\ E\{x_t\}u_t & u_t^2 \end{bmatrix}$$

$$D_t^{(32)} = \frac{1}{q}\begin{bmatrix} -E\{x_t\} & -u_t \end{bmatrix}, \quad D_t^{(33)} = \frac{1}{q}$$

および

$$K_t^{(11)} = \frac{1}{r}, \quad K_t^{(21)} = \begin{bmatrix} 0 \\ 0 \end{bmatrix}, \quad K_t^{(22)} = \begin{bmatrix} 0 & 0 \\ 0 & 0 \end{bmatrix}$$

を得る．例 5.1 と同じ条件の下で，M 組のデータ $\{x_t, t = 0, 1, \cdots, N\}$ を生成する．パラメータには真値 $(a^*, b^*) = (0.9, 1)$ を与え，初期条件 $J_{0/-1}^{xx} = 1$，$J_{0/-1}^{aa} = 1$，$J_{0/-1}^{bb} = 1$ の下で，定理 4.3 のアルゴリズムによって情報行列を計算した．ただし，$M = 1000$，$N = 250$ とした．$J_{t/t}(x_t, a^*, b^*)$ の逆行列を

$$J_{t/t}^{-1}(x_t, a^*, b^*) = \begin{bmatrix} V_t^{xx} & V_t^{xa} & V_t^{xb} \\ V_t^{ax} & V_t^{aa} & V_t^{ab} \\ V_t^{bx} & V_t^{ba} & V_t^{bb} \end{bmatrix}$$

と定義して，図5.2には対角要素 V_t^{xx}, V_t^{aa}, V_t^{bb} の時間変化をプロットした．パラメータ a の推定精度の方が b の推定精度よりも高いことは図5.1からわかるが，図5.2のクラメール・ラオ不等式の下限がこのことを明確に示している．

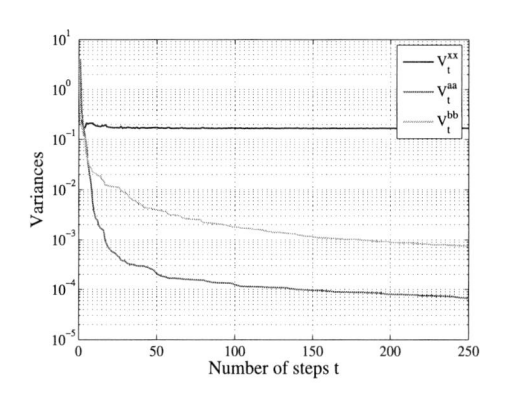

□

図 5.2 クラメール・ラオ不等式の下限 ($M = 1000$)

5.3　繰り返し拡張カルマンフィルタ：IEKF

前節の EKF は非線形要素 $f_t(x_t)$ および $h_t(x_t)$ をそれぞれ濾波推定値 $\hat{x}_{t/t}$ および1段予測推定値 $\hat{x}_{t/t-1}$ の近傍で線形化して，カルマンフィルタのアルゴリズムを適用したものである．本節では，局所的な繰り返しによって非線形要素 $h_t(x_t)$ の線形近似の精度を高めることを考える．$\hat{x}_{t/t-1}$ が与えられたとき，y_t が観測されると，式 (5.11) によって濾波推定値 $\hat{x}_{t/t}$ が得られる．一般に，濾波推定値の方が1段予測推定値より正確であるから，$h_t(x_t)$ を濾波推定値の近傍で線形化し直すことにより，フィルタの推定精度を改善することが期待できる．またこの過程は何回か繰り返すことができる．このような局所的な繰り返しによって非線形要素 $h_t(x_t)$ の線形近似の精度を高め，結果的により精度の高い濾波推定値を得ることが期待できる．

この繰り返しにおける状態ベクトルの推定値を $\eta_i, i = 0, 1, \cdots, L$ とおく．初期値は $\eta_0 = \hat{x}_{t/t-1}$ であり，L 回の繰り返しの後で $\eta_L = \hat{x}_{t/t}$ を得る．

非線形要素 $h_t(x_t)$ を $x_t = \eta_i$ の近傍で展開すると，

$$h_t(x_t) = h_t(\eta_i) + \hat{H}_t^{(i)}(x_t - \eta_i) + \cdots, \quad \hat{H}_t^{(i)} = \left[\frac{\partial h_t}{\partial x_t}\right]_{x_t = \eta_i}$$

となる．上式を第2項までで近似して，式 (5.8) に代入すると，

$$-2\phi = \|x_t - \hat{x}_{t/t-1}\|^2_{P_{t/t-1}^{-1}} + \|y_t - h_t(\eta_i) - \hat{H}_t^{(i)}(x_t - \eta_i)\|^2_{R_t^{-1}}$$

を得る．式 (2.54) との対応から

$$x = x_t, \qquad \bar{x} = \hat{x}_{t/t-1}, \qquad P = P_{t/t-1}$$
$$y = y_t - h_t(\eta_i) + \hat{H}_t^{(i)}\eta_i, \qquad H = \hat{H}_t^{(i)}, \qquad R = R_t$$

が成立するので，再び命題 2.9 から

$$-2\phi = \|x_t - \alpha\|^2_{M_t^{-1}} + \|y_t - h_t(\eta_i) - \hat{H}_t^{(i)}(\hat{x}_{t/t-1} - \eta_i)\|^2_{V_t^{-1}}$$

を得る．ただし，

$$\alpha = \hat{x}_{t/t-1} + P_{t/t-1}(\hat{H}_t^{(i)})^{\mathrm{T}} V_t^{-1}[y_t - h_t(\eta_i) - \hat{H}_t^{(i)}(\hat{x}_{t/t-1} - \eta_i)]$$
$$M_t = P_{t/t-1} - P_{t/t-1}(\hat{H}_t^{(i)})^{\mathrm{T}} V_t^{-1} \hat{H}_t^{(i)} P_{t/t-1}$$
$$V_t = \hat{H}_t^{(i)} P_{t/t-1}(\hat{H}_t^{(i)})^{\mathrm{T}} + R_t$$

である．α は x_t の新しい推定値であるから η_{i+1} となる．よって，

$$K_t^{(i)} = P_{t/t-1}(\hat{H}_t^{(i)})^{\mathrm{T}}[\hat{H}_t^{(i)} P_{t/t-1}(\hat{H}_t^{(i)})^{\mathrm{T}} + R_t]^{-1} \tag{5.21}$$

とおくと，

$$\eta_{i+1} = \hat{x}_{t/t-1} + K_t^{(i)}[y_t - h_t(\eta_i) - \hat{H}_t^{(i)}(\hat{x}_{t/t-1} - \eta_i)] \tag{5.22}$$
$$i = 0, 1, \cdots, L-1$$

という繰り返しの関係式を得る．そして，$\hat{x}_{t/t} = \eta_L$ とおく．このとき，推定誤差共分散行列は以下のようになる．

$$P_{t/t} = P_{t/t-1} - K_t^{(L-1)} \hat{H}_t^{(L-1)} P_{t/t-1}$$

もちろん，$L = 1$ であれば，繰り返しを行わないので IEKF は単に EKF に帰着する．L の具体的な値は $L = 2 \sim 3$ で十分とされている．

5.3 繰り返し拡張カルマンフィルタ：IEKF

定理 5.2.（繰り返し拡張カルマンフィルタ）

1) 初期値を $\hat{x}_{0/-1} = \bar{x}_0$, $P_{0/-1} = P_0$ とおき，$t = 0$ とする．
2) 観測更新ステップ　**Input**: $[\hat{x}_{t/t-1}, P_{t/t-1}, y_t]$ → **Output**: $[\hat{x}_{t/t}, P_{t/t}]$
   a) $\eta_0 = \hat{x}_{t/t-1}$ とおいて，$i = 0$ とおく．
   b) 観測ヤコビアン
   $$\hat{H}_t^{(i)} = \left[\frac{\partial h_t}{\partial x_t}\right]_{x_t = \eta_i}$$
   c) 拡張カルマンゲイン
   $$K_t^{(i)} = P_{t/t-1}(\hat{H}_t^{(i)})^{\mathrm{T}}[\hat{H}_t^{(i)} P_{t/t-1}(\hat{H}_t^{(i)})^{\mathrm{T}} + R_t]^{-1}$$
   d) 推定値の逐次改良アルゴリズム
   $$\eta_{i+1} = \hat{x}_{t/t-1} + K_t^{(i)}[y_t - h_t(\eta_i) - \hat{H}_t^{(i)}(\hat{x}_{t/t-1} - \eta_i)]$$
   e) $i + 1 < L$ であれば，$i \leftarrow i + 1$ として，b) に戻る．$i + 1 = L$ であれば，濾波推定値 $\hat{x}_{t/t} = \eta_L$ を得る．
   f) 濾波推定誤差共分散行列
   $$P_{t/t} = P_{t/t-1} - K_t^{(L-1)} \hat{H}_t^{(L-1)} P_{t/t-1}$$
3) 時間更新ステップ　**Input**: $[\hat{x}_{t/t}, P_{t/t}]$ → **Output**: $[\hat{x}_{t+1/t}, P_{t+1/t}]$
   a) 1 段予測推定値
   $$\hat{x}_{t+1/t} = f_t(\hat{x}_{t/t})$$
   b) 状態遷移ヤコビアン
   $$\hat{F}_t = \left[\frac{\partial f_t}{\partial x_t}\right]_{x_t = \hat{x}_{t/t}}$$
   c) 予測誤差共分散行列
   $$P_{t+1/t} = \hat{F}_t P_{t/t} \hat{F}_t^{\mathrm{T}} + Q_t$$
4) $t \leftarrow t + 1$ としてステップ 2) へ戻る． □

上の IEKF のアルゴリズムにさらにスムージングの方法を援用すると，濾波推定値 $\hat{x}_{t/t}$ を改良した平滑推定値 $\hat{x}_{t/t+1}$ を用いてヤコビアン $\hat{F}_t$ を改良することができる[54]．

5.4 等価線形化カルマンフィルタ：EqKF

拡張カルマンフィルタでは，非線形特性 $f_t(x_t)$ および $h_t(x_t)$ をそれぞれ推定値 $\hat{x}_{t/t}$ および $\hat{x}_{t/t-1}$ におけるヤコビアン $\hat{F}_t$ および $\hat{H}_t$ を用いた線形近似によって置き換えてカルマンフィルタを適用した．ヤコビアンを用いた線形近似の代わりに 2.5 節で述べた非線形要素の等価線形化法による線形近似を用いることも可能である．

式 (5.15) において，ヤコビアン $\hat{F}_t$ の代わりに係数行列 $F_t^e \in \mathbb{R}^{n \times n}$ で置き換えて $f_t(x_t)$ を線形近似したものは，

$$f_t(x_t) \simeq f_t(\hat{x}_{t/t}) + F_t^e(x_t - \hat{x}_{t/t}) \tag{5.23}$$

となる．ここで，線形近似誤差

$$e = f_t(x_t) - f_t(\hat{x}_{t/t}) - F_t^e(x_t - \hat{x}_{t/t}) \tag{5.24}$$

の 2 乗平均値を最小にする F_t^e を求める．

まず $F_t^e = F$ と略記し，$J(F) = \mathrm{trace}\Big(E\{ee^{\mathrm{T}} \mid Y^t\}\Big)$ と定義すると，

$$\begin{aligned}
J(F) = \mathrm{trace}\Big(& E\{[f_t(x_t) - f_t(\hat{x}_{t/t})][f_t(x_t) - f_t(\hat{x}_{t/t})]^{\mathrm{T}} \mid Y^t\} \\
& - E\{[f_t(x_t) - f_t(\hat{x}_{t/t})][x_t - \hat{x}_{t/t}]^{\mathrm{T}} \mid Y^t\}F^{\mathrm{T}} \\
& - FE\{[x_t - \hat{x}_{t/t}][f_t(x_t) - f_t(\hat{x}_{t/t})]^{\mathrm{T}} \mid Y^t\} \\
& + FE\{[x_t - \hat{x}_{t/t}][x_t - \hat{x}_{t/t}]^{\mathrm{T}} \mid Y^t\}F^{\mathrm{T}} \Big)
\end{aligned}$$

となる．ここで，

$$\begin{aligned}
S_{ff} &= E\{[f_t(x_t) - f_t(\hat{x}_{t/t})][f_t(x_t) - f_t(\hat{x}_{t/t})]^{\mathrm{T}} \mid Y^t\} \\
\Sigma_{fx} &= E\{[f_t(x_t) - f_t(\hat{x}_{t/t})][x_t - \hat{x}_{t/t}]^{\mathrm{T}} \mid Y^t\} \\
\Sigma_{xx} &= E\{[x_t - \hat{x}_{t/t}][x_t - \hat{x}_{t/t}]^{\mathrm{T}} \mid Y^t\} = P_{t/t}
\end{aligned}$$

とおくと，S_{ff} は共分散行列 Σ_{ff} とは異なるが，Σ_{fx}, Σ_{xx} は共分散行列とな

5.4 等価線形化カルマンフィルタ：EqKF

る．実際，$\hat{f}_{t/t} = E\{f_t(x_t) \mid Y^t\}$ とおくと，

$$f_t(x_t) - f_t(\hat{x}_{t/t}) = f_t(x_t) - \hat{f}_{t/t} + \hat{f}_{t/t} - f_t(\hat{x}_{t/t})$$

であるから，$\hat{f}_{t/t} - f_t(\hat{x}_{t/t})$ が Y^t-可測であることに注意すると

$$\begin{aligned} S_{ff} &= E\{[f_t(x_t) - \hat{f}_{t/t}][f_t(x_t) - \hat{f}_{t/t}]^{\mathrm{T}} \mid Y^t\} \\ &\quad + [\hat{f}_{t/t} - f_t(\hat{x}_{t/t})][\hat{f}_{t/t} - f_t(\hat{x}_{t/t})]^{\mathrm{T}} \\ &= \Sigma_{ff} + [\hat{f}_{t/t} - f_t(\hat{x}_{t/t})][\hat{f}_{t/t} - f_t(\hat{x}_{t/t})]^{\mathrm{T}} \end{aligned}$$

となる．また，$\hat{f}_{t/t}$ は Y^t-可測であるから，同様の計算によって

$$\Sigma_{fx} = E\{f_t(x_t)[x_t - \hat{x}_{t/t}]^{\mathrm{T}} \mid Y^t\} = E\{[f_t(x_t) - \hat{f}_{t/t}][x_t - \hat{x}_{t/t}]^{\mathrm{T}} \mid Y^t\}$$

を得る．よって，

$$J(F) = \mathrm{trace}\Big(S_{ff} - \Sigma_{fx}F^{\mathrm{T}} - F\Sigma_{xf} + F\Sigma_{xx}F^{\mathrm{T}}\Big) \tag{5.25}$$

が成立する．これは式 (2.58) と同じ形をしているので，式 (2.59) の最適解を導いたのと同様の計算によって次式を得る．

$$F_t^e = \Sigma_{fx}\Sigma_{xx}^{-1} = E\{[f_t(x_t) - \hat{f}_{t/t}][x_t - \hat{x}_{t/t}]^{\mathrm{T}} \mid Y^t\}P_{t/t}^{-1} \tag{5.26}$$

また式 (5.9) を参照して，非線形要素 $h_t(x_t)$ を

$$h_t(x_t) \simeq h_t(\hat{x}_{t/t-1}) + H_t^e(x_t - \hat{x}_{t/t-1}) \tag{5.27}$$

と近似する．ここに，$H_t^e \in \mathbb{R}^{p \times n}$ は係数行列である．式 (5.26) の F_t^e を求めた計算とまったく同様にして，

$$H_t^e = E\{[h_t(x_t) - \hat{h}_{t/t-1}][x_t - \hat{x}_{t/t-1}]^{\mathrm{T}} \mid Y^{t-1}\}P_{t/t-1}^{-1} \tag{5.28}$$

を得る．ただし，$\hat{h}_{t/t-1} = E\{h_t(x_t) \mid Y^{t-1}\}$ である．式 (5.23), (5.27) に基づく方法をタイプ I の等価線形化法という．文献[11]ではこのような方法を用いた等価線形化カルマンフィルタ EqKF を提案している．

EKF の場合と同じように条件つき確率密度関数をガウス分布

$$p(x_t \mid Y^t) = N(x_t \mid \hat{x}_{t/t}, P_{t/t})$$
$$p(x_t \mid Y^{t-1}) = N(x_t \mid \hat{x}_{t/t-1}, P_{t/t-1})$$

と仮定すると，例えば多項式で表される f_t, h_t に対する係数行列 F_t^e, H_t^e を具体的に計算することができる．

2.5 節で述べたように，$f_t(x_t), h_t(x_t)$ を

$$f_t(x_t) \simeq f_t^e + F_t^e(x_t - \hat{x}_{t/t}) \tag{5.29}$$
$$h_t(x_t) \simeq h_t^e + H_t^e(x_t - \hat{x}_{t/t-1}) \tag{5.30}$$

のように線形化することが可能である（図 2.2 参照）．ただし，$f_t^e \in \mathbb{R}^n$, $h_t^e \in \mathbb{R}^p$ は未知ベクトル，$F_t^e \in \mathbb{R}^{n \times n}$, $H_t^e \in \mathbb{R}^{p \times n}$ は未知行列である．このような線形化法をタイプ II の等価線形化法という．タイプ II の方が近似精度は高く，文献[90]ではこの方法が用いられている．

タイプ I とタイプ II の等価線形化法では，それらの右辺第 1 項が $f(\hat{x}_{t/t})$, $h(\hat{x}_{t/t-1})$ と f_t^e, h_t^e の違いがある．しかし，タイプ I とタイプ II のどちらの線形化法を用いても結果的に係数行列 F_t^e, H_t^e は同じものである．実際，つぎの命題が成立する．

命題 5.1. 係数行列はタイプ I およびタイプ II どちらの等価線形化法においても同一の公式 (5.26), (5.28) で与えられる．

証明 タイプ II の等価線形化法の場合，式 (5.29) から近似誤差は

$$e_\mathrm{II} = f_t(x_t) - f_t^e - F_t^e(x_t - \hat{x}_{t/t})$$

となる．$E\{e_\mathrm{II} \mid Y^t\} = 0$ から，2.5 節の計算と同様に，

$$f_t^e = E\{f_t(x_t) \mid Y^t\} = \hat{f}_{t/t}$$

を得る．したがって，$J_\mathrm{II}(F) = \mathrm{trace}\left(E\{e_\mathrm{II} e_\mathrm{II}^\mathrm{T}\}\right)$ とおくと，式 (5.25) を導いたのと同様にして，

5.4 等価線形化カルマンフィルタ：EqKF

$$\begin{aligned}J_{\mathrm{II}}(F) &= \mathrm{trace}\Big(E\{[f_t(x_t)-\hat{f}_{t/t}][f_t(x_t)-\hat{f}_{t/t}]^{\mathrm{T}} \mid Y^t\} \\ &\quad - E\{[f_t(x_t)-\hat{f}_{t/t}][x_t-\hat{x}_{t/t}]^{\mathrm{T}} \mid Y^t\}F^{\mathrm{T}} \\ &\quad - FE\{[x_t-\hat{x}_{t/t}][f_t(x_t)-\hat{f}_{t/t}]^{\mathrm{T}} \mid Y^t\} \\ &\quad + FE\{[x_t-\hat{x}_{t/t}][x_t-\hat{x}_{t/t}]^{\mathrm{T}} \mid Y^t\}F^{\mathrm{T}}\Big) \\ &= \mathrm{trace}\Big(\Sigma_{ff}-\Sigma_{fx}F^{\mathrm{T}}-F\Sigma_{xf}+F\Sigma_{xx}F^{\mathrm{T}}\Big)\end{aligned}$$

を得るので，上式を最小にする F は

$$F = \Sigma_{fx}\Sigma_{xx}^{-1} = E\{[f_t(x_t)-\hat{f}_{t/t}][x_t-\hat{x}_{t/t}]^{\mathrm{T}} \mid Y^t\}P_{t/t}^{-1} \tag{5.31}$$

で与えられる．これは式 (5.26) と一致する． □

例 5.3. $y=g(x)=x^3$，$x \sim N(\mu,\sigma^2)$ のとき，例 2.3 の計算から $\hat{g}=E\{x^3\}=\mu^3+3\mu\sigma^2$，$\sigma_{yx}=3\mu^2\sigma^2+3\sigma^4$ となる．式 (5.26) から g の等価ゲインは

$$G^e = \Sigma_{gx}\Sigma_{xx}^{-1} = \frac{\sigma_{yx}}{\sigma^2} = 3\mu^2+3\sigma^2$$

となる．また，$g(x)$ のヤコビアン，すなわち微係数は $g'(\mu)=3\mu^2$ であるから，$y=g(x)$ の線形近似，および等価線形化近似は

$$\begin{aligned}y_L &= g(\mu)+g'(\mu)(x-\mu) = 3\mu^2 x - 2\mu^3 \\ y_{Eq1} &= g(\mu)+G^e(x-\mu) = (3\mu^2+3\sigma^2)x - 2\mu^3 - 3\sigma^2\mu \\ y_{Eq2} &= \hat{g}+G^e(x-\mu) = (3\mu^2+3\sigma^2)x - 2\mu^3\end{aligned}$$

のようになる．ただし，y_{Eq1}, y_{Eq2} はそれぞれタイプ I およびタイプ II の等価線形化を意味する． □

定理 5.3. （等価線形化カルマンフィルタ）
1) 初期値を $\hat{x}_{0/-1}=\bar{x}_0$，$P_{0/-1}=P_0$ とおき，$t=0$ とする．
2) 観測更新ステップ **Input**: $[\hat{x}_{t/t-1}, P_{t/t-1}, y_t]$ → **Output**: $[\hat{x}_{t/t}, P_{t/t}]$

a) 出力の 1 段予測推定値

$$\hat{y}_{t/t-1} = \begin{cases} h_t(\hat{x}_{t/t-1}) & (\text{タイプ I}) \\ E\{h_t(x_t) \mid Y^{t-1}\} = \hat{h}_{t/t-1} & (\text{タイプ II}) \end{cases}$$

b) 係数行列

$$H_t^e = E\{[h_t(x_t) - \hat{y}_{t/t-1})][x_t - \hat{x}_{t/t-1}]^{\mathrm{T}} \mid Y^{t-1}\} P_{t/t-1}^{-1}$$

c) 等価カルマンゲイン

$$K_t^e = P_{t/t-1}(H_t^e)^{\mathrm{T}} [H_t^e P_{t/t-1}(H_t^e)^{\mathrm{T}} + R_t]^{-1}$$

d) 濾波推定値

$$\hat{x}_{t/t} = \hat{x}_{t/t-1} + K_t^e [y_t - \hat{y}_{t/t-1}]$$

e) 濾波推定誤差共分散行列

$$P_{t/t} = P_{t/t-1} - K_t^e H_t^e P_{t/t-1}$$

3) 時間更新ステップ　**Input**: $[\hat{x}_{t/t}, P_{t/t}] \rightarrow$ **Output**: $[\hat{x}_{t+1/t}, P_{t+1/t}]$

a) 1 段予測推定値

$$\hat{x}_{t+1/t} = \begin{cases} f_t(\hat{x}_{t/t}) & (\text{タイプ I}) \\ E\{f_t(x_t) \mid Y^t\} = \hat{f}_{t/t} & (\text{タイプ II}) \end{cases}$$

b) 係数行列

$$F_t^e = E\{[f_t(x_t) - \hat{x}_{t+1/t}][x_t - \hat{x}_{t/t}]^{\mathrm{T}} \mid Y^t\} P_{t/t}^{-1}$$

c) 予測誤差共分散行列

$$P_{t+1/t} = F_t^e P_{t/t} (F_t^e)^{\mathrm{T}} + Q_t$$

4) $t \leftarrow t+1$ としてステップ 2) へ戻る. □

等価線形化カルマンフィルタ EqKF の難点は係数行列の計算がほぼ多項式非線形の場合に限られることである．Ito-Xiong[53)] によって発表されたガウシアンフィルタ (Gaussian Filter; GF) によれば，この点を回避することができる．

5.5 非線形カルマンフィルタの一般形

拡張カルマンフィルタ EKF および等価線形化カルマンフィルタ EqKF の導出の方法を見ると，状態ベクトルの条件つき期待値とその推定誤差共分散行列を逐次的に計算するアルゴリズムは以下のようにまとめることができる[53,96]．

定理 5.4. （非線形カルマンフィルタ）
1) 観測更新ステップ

$$\hat{y}_{t/t-1} = E\{h_t(x_t) \mid Y^{t-1}\}$$
$$U_{t/t-1} = E\{[x_t - \hat{x}_{t/t-1}][y_t - \hat{y}_{t/t-1}]^{\mathrm{T}} \mid Y^{t-1}\}$$
$$V_{t/t-1} = E\{[y_t - \hat{y}_{t/t-1}][y_t - \hat{y}_{t/t-1}]^{\mathrm{T}} \mid Y^{t-1}\}$$
$$K_t = U_{t/t-1} V_{t/t-1}^{-1}$$
$$\hat{x}_{t/t} = \hat{x}_{t/t-1} + K_t[y_t - \hat{y}_{t/t-1}]$$
$$P_{t/t} = P_{t/t-1} - U_{t/t-1} V_{t/t-1}^{-1} U_{t/t-1}^{\mathrm{T}}$$

2) 時間更新ステップ

$$\hat{x}_{t+1/t} = E\{f_t(x_t) \mid Y^t\}$$
$$P_{t+1/t} = E\{[f_t(x_t) - \hat{x}_{t+1/t}][f_t(x_t) - \hat{x}_{t+1/t}] \mid Y^t\} + Q_t$$

初期値条件を与えて，上のステップを繰り返し実行する．ただし，事後確率密度関数はガウス分布と仮定する．　□

定理5.4 の 5 つの条件つき期待値をいかに計算するかによって，違った非線形フィルタのアルゴリズムが得られる．本章では事後確率密度関数をガウス分布と仮定し，さらにシステムの非線形要素を線形化することにより近似的に条件つき期待値を計算し，EKF および EqKF のアルゴリズムを導いた．

第 6，第 7 章の UKF，EnKF も同様の考え方が基本にあるが，条件つき期待値がサンプル平均によって数値的に計算されるという相違がある．

5.6 数　値　例

本節では，簡単なシステムに対する IEKF による推定結果を示す．つぎのシステム (S1) を考える．

$$(S1) \begin{cases} x_{t+1} = \tanh(x_t) + bu_t + w_t \\ y_t = x_t + cx_t^2 + v_t \end{cases}$$

ここに，w_t, v_t はそれぞれ $N(0, q)$，$N(0, r)$ に従うガウス白色雑音である．外部入力 $u_t = \sin(2\pi t/25)$ は状態に変化をもたらす確定入力であり，すべてのシミュレーションで固定した u_t を用いた．また，ヤコビアンは $\hat{F}_t = 1/\cosh^2 \hat{x}_{t/t}$，$\hat{H}_t = 1 + 2c\hat{x}_{t/t-1}$ となる．フィルタ性能を評価するために，濾波推定誤差および 1 段予測推定誤差の 2 乗の時間平均値を以下のように定義する．

$$E_f = \frac{1}{N} \sum_{t=1}^{N} [x_t - \hat{x}_{t/t}]^2, \qquad E_p = \frac{1}{N} \sum_{t=1}^{N} [x_t - \hat{x}_{t/t-1}]^2$$

パラメータを $q = 4, r = 1, b = 1, c = -0.1$，初期値を $x_0 = 0, \hat{x}_{0/-1} = 0$，$P_{0/-1} = 5$ とする．$N = 100$ とし，乱数によって雑音 w_t, v_t を生成して，100 回のモンテカルロシミュレーションを行った．繰り返し回数 $L = 1 \sim 6$ に対する濾波推定誤差および 1 段予測推定誤差の 2 乗平均値 $\bar{E}_f, \bar{E}_p$ を表 5.1 に示している．なお $L = 1$ は EKF に相当する．この場合，$L = 3$ のときに $\bar{E}_f, \bar{E}_p$

表 5.1　システム (S1) に対する推定誤差

L	1	2	3	4	5	6
$\bar{E}_f$	1.1874	1.1538	1.1509	1.1558	1.1512	1.1590
$\bar{E}_p$	4.1479	4.1442	4.1435	4.1439	4.1435	4.1437

の値は最も小さくなった．それ以上繰り返し回数を増加しても推定値は改善されなかった．図 5.3 は IEKF ($L = 3$) によるシステム (S1) の推定結果の例を示している．図 5.3 の $P_{t/t}, P_{t/t-1}$ の値は時間的にかなり変動するが，表 5.1 の $\bar{E}_f, \bar{E}_p$ の値に近いことがわかる．

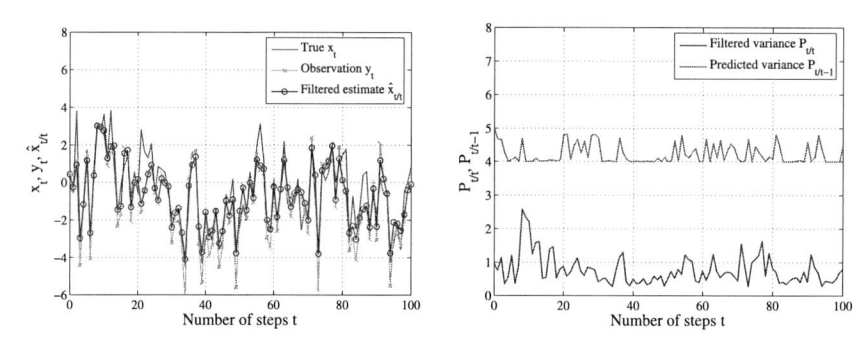

図 5.3 モデル (S1) の推定結果

つぎにシステム (S2) に対するシミュレーション結果を示す.

$$(S2) \begin{cases} x_{t+1} = ax_t + bu_t + w_t \\ y_t = \tanh(x_t) + v_t \end{cases}$$

ただし, $a = 0.9, q = 0.16, r = 0.1, b = 0.5, x_0 = 0, \hat{x}_{0/-1} = 0, P_{0/-1} = 5$ である. また $\hat{F}_t = 0.9, \hat{H}_t = 1/\cosh^2 \hat{x}_{t/t-1}$ となる. システム (S1) の場合と同様に, $N = 100$ として乱数によって w_t, v_t を生成して, 100 回のモンテカルロシミュレーションを行い, 濾波推定誤差および 1 段予測推定誤差の 2 乗平均値 $\bar{E}_f, \bar{E}_p$ を表 5.2 に示している. この場合は, $L = 1$ が最適な繰り返し回数で

表 5.2 システム (S2) に対する推定誤差

L	1	2	3	4	5	6
$\bar{E}_f$	0.4666	0.5017	0.5002	0.5117	0.5132	0.5181
$\bar{E}_p$	0.5249	0.5495	0.5470	0.5535	0.5532	0.5555

あり, IEKF による繰り返しの効果がまったく見られなかった. また図 5.4 は EKF ($L = 1$) によるシステム (S2) の推定結果を示している.

5.7 ノート

- カルマンフィルタの初期の応用は主として宇宙工学に見られる. とりわけ NASA のアポロ計画の中では, 拡張カルマンフィルタ EKF が中心的な技

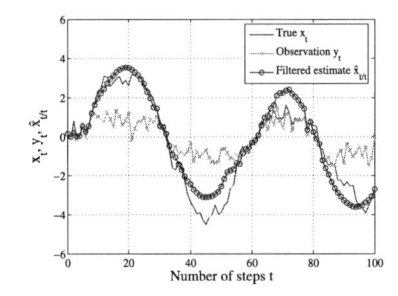

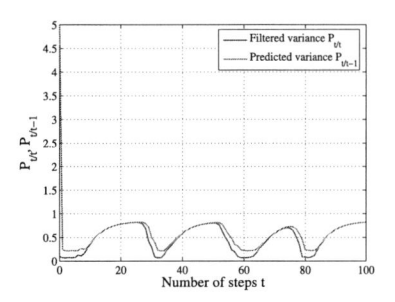

図 5.4 モデル (S2) の推定結果

術となったことが,McGee-Schmidt[74],Grewal-Andrews[47] に詳しく紹介されている.

- 5.2 節では,MAP 推定の方法と命題 2.9 によって EKF アルゴリズムを導いた.EKF に関しては Jazwinski[54],Gelb[42],Anderson-Moore[24] が参考になる.EKF で用いられる式 (5.9), (5.15) のテーラー展開において,2 次以上の高次の展開を用いると高次の EKF が得られるが[51],アルゴリズムが非常に複雑になるために広く用いられることはなかった.
- 5.3 節は Bell-Cathy[29] に基づいて IEKF を導出した.IEKF に関しては,Jazwinski[54] や Gelb[42] にも解説がある.また 5.4 節では,等価線形化カルマンフィルタ EqKF について紹介した.
- 5.5 節では,EKF や EqKF を一般化した非線形カルマンフィルタの一般形を示した[53,96].Ito-Xiong[53] は事後確率密度関数をガウス分布と仮定し,さらにガウス・エルミート数値積分公式を利用して定理 5.4 の条件つき期待値を計算するガウシアンフィルタ GF を考案した.Arasaratnam 他[25,26] は GF を数値的に改良した方法を提案している.
- 最後に,5.6 節では簡単な数値例を紹介した.

6

Unscented カルマンフィルタ

UKF（Unscented Kalman Filter）は EKF と同じように条件つき期待値と推定誤差の共分散行列を扱うので，これは事後確率分布をガウス分布で近似していることに相当する．確率ベクトルが非線形要素を通過したときの出力の平均値と共分散行列，および入出力の相互共分散行列を近似的に評価するために UT (Unscented Transformation) 法を利用する．したがって，EKF で必要となったヤコビアンの計算が UKF では不要になるという利点がある．

6.1 Unscented 変換法

確率ベクトル $x \in \mathbb{R}^n$ の平均値と共分散行列を μ_x, Σ_{xx} とする．そして，$y = g(x)$ を任意の非線形要素 $g : \mathbb{R}^n \to \mathbb{R}^p$ とする．Unscented 変換（UT）は y の平均値 μ_y と共分散行列 Σ_{yy}，および x と y の相互共分散行列 Σ_{xy} を近似的に計算する方法である．

まず $2n+1$ 個の組 $\{x^{(i)}, W^{(i)}, i = 0, 1, \cdots, 2n\}$ を

$$\sum_{i=0}^{2n} W^{(i)} x^{(i)} = \mu_x \tag{6.1}$$

および

$$\sum_{i=0}^{2n} W^{(i)} [x^{(i)} - \mu_x][x^{(i)} - \mu_x]^\mathrm{T} = \Sigma_{xx} \tag{6.2}$$

を満足するように選ぶ．ただし，$W^{(i)}$ は重み係数であり，正規化条件

$$\sum_{i=0}^{2n} W^{(i)} = 1 \tag{6.3}$$

が成立しているものとする.

集合 $\{x^{(i)}, i = 0, 1, \cdots, 2n\}$ を x の分布を代表（近似）する σ 点という. 対応する重み係数 $W^{(i)}$ は負の値をとることも許容されるが, 非負にとるのが一般的である. このとき, y の平均値 μ_y と共分散行列 Σ_{yy}, Σ_{xy} を（近似的に）計算する UT 法のアルゴリズムは以下の通りである.

UT 法

1) $2n+1$ 個の σ 点に対して, その非線形変換を計算する. すなわち, $y^{(i)} = g(x^{(i)})$, $i = 0, 1, \cdots, 2n$ とおく（図 6.1）.

2) 変換された $2n+1$ 個の点の重みつき平均値を計算する.

$$\mu_y = \sum_{i=0}^{2n} W^{(i)} y^{(i)}$$

3) 共分散行列を以下のように計算する.

$$\Sigma_{yy} = \sum_{i=0}^{2n} W^{(i)} [y^{(i)} - \mu_y][y^{(i)} - \mu_y]^{\mathrm{T}}$$

$$\Sigma_{xy} = \sum_{i=0}^{2n} W^{(i)} [x^{(i)} - \mu_x][y^{(i)} - \mu_y]^{\mathrm{T}}$$

式 (6.1) 〜 (6.3) を満足する σ 点と重み係数 $W^{(i)}$ は, 具体的には以下のように与えられる. これは対称な重み係数である.

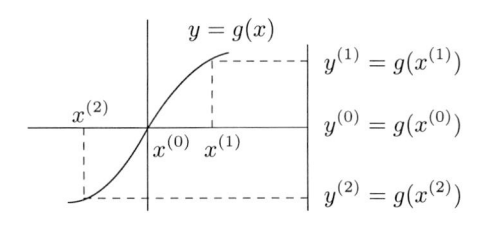

図 6.1 σ 点の非線形変換 $(n = 1)$

6.1 Unscented 変換法

σ 点の選択 まず,$\Sigma_{xx} \geq 0$ の平方根行列 $B \in \mathbb{R}^{n \times n}$ を

$$\Sigma_{xx} = BB^{\mathrm{T}}, \qquad B = [b_1 \ \cdots \ b_n] \tag{6.4}$$

とする.このとき,$2n+1$ 個の σ 点と重み係数を

$$\begin{aligned}
x^{(0)} &= \mu_x, & W^{(0)} &= \frac{\lambda}{n+\lambda} \\
x^{(i)} &= \mu_x + \sqrt{n+\lambda}\, b_i, & W^{(i)} &= \frac{1}{2(n+\lambda)}, & i &= 1, \cdots, n \\
x^{(n+i)} &= \mu_x - \sqrt{n+\lambda}\, b_i, & W^{(n+i)} &= \frac{1}{2(n+\lambda)}, & i &= 1, \cdots, n
\end{aligned}$$

のように定める.ただし,$b_i \in \mathbb{R}^n$ は行列 B の第 i 列ベクトル,$\lambda \in \mathbb{R}$ は調整パラメータである.上に与えた σ 点と重み係数が式 (6.1), (6.3) を満足することは明らかであり,また $b_1 b_1^{\mathrm{T}} + \cdots + b_n b_n^{\mathrm{T}} = \Sigma_{xx}$ であるから,式 (6.2) も満足する.

例 6.1. $x \sim N(\mu, \sigma^2)$ とするとき,$y = g(x) = x^3$ の平均値と分散および入出力の共分散を計算しよう.それらの真値は例 2.3 に与えられている.線形近似による計算は簡単であるから,UT 法を用いた計算を示そう.

x はスカラー ($n=1$) であるから,σ 点と重み係数は

$$x^{(0)} = \mu, \quad x^{(1)} = \mu + \sigma\sqrt{1+\lambda}, \quad x^{(2)} = \mu - \sigma\sqrt{1+\lambda}$$

$$W^{(0)} = \frac{\lambda}{1+\lambda}, \quad W^{(1)} = W^{(2)} = \frac{1}{2(1+\lambda)}$$

となる.ここで,$y^{(i)} = g(x^{(i)})$, $i = 0, 1, 2$ を計算すると,

$$y^{(0)} = \mu^3, \quad y^{(1)} = \left(\mu + \sigma\sqrt{1+\lambda}\right)^3, \quad y^{(2)} = \left(\mu - \sigma\sqrt{1+\lambda}\right)^3$$

を得る.よって,UT 法による平均値,共分散および分散は

$$\mu_{yU} = W^{(0)}y^{(0)} + W^{(1)}y^{(1)} + W^{(2)}y^{(2)} = \mu^3 + 3\mu\sigma^2$$

$$\sigma_{xyU} = W^{(0)}(x^{(0)} - \mu)(y^{(0)} - \mu_{yU}) + W^{(1)}(x^{(1)} - \mu)(y^{(1)} - \mu_{yU})$$
$$+ W^{(2)}(x^{(2)} - \mu)(y^{(2)} - \mu_{yU}) = 3\mu^2\sigma^2 + (1+\lambda)\sigma^4$$

$$\sigma_{yU}^2 = W^{(0)}(y^{(0)} - \mu_{yU})^2 + W^{(1)}(y^{(1)} - \mu_{yU})^2 + W^{(2)}(y^{(2)} - \mu_{yU})^2$$
$$= 9\mu^4\sigma^2 + (6+15\lambda)\mu^2\sigma^4 + (1+\lambda)^2\sigma^6$$

となる.以上をまとめて,表 6.1 の結果を得る.平均値 μ_{yU} は常に正しい結果を与える[*1].しかし,分散 σ_{yU}^2,共分散 σ_{xyU} はパラメータ λ の値によって結果は異なったものになる.$\lambda = 2$ ととると,共分散 σ_{xyU} は正しい値となるが,分散 σ_{yU}^2 は σ^6 の係数にずれが生ずる. □

表 6.1 $y = x^3$ の平均値と分散,共分散

$y = x^3$	μ_y	σ_{xy}	σ_y^2
True	$\mu^3 + 3\mu\sigma^2$	$3\mu^2\sigma^2 + 3\sigma^4$	$9\mu^4\sigma^2 + 36\mu^2\sigma^4 + 15\sigma^6$
Linear	μ^3	$3\mu^2\sigma^2$	$9\mu^4\sigma^2$
UT	$\mu^3 + 3\mu\sigma^2$	$3\mu^2\sigma^2 + (1+\lambda)\sigma^4$	$9\mu^4\sigma^2 + (6+15\lambda)\mu^2\sigma^4 + (1+\lambda)^2\sigma^6$

この例から,x がガウス分布 $N(\mu, \sigma^2)$ に従うとき,出力 y の σ^2 の係数は常に正しく計算され,また λ を適切に取れば,σ^4 の係数も正しい結果が得られる.しかし,このとき σ^6 以上の項の係数を一致させることはできない.

多次元の場合には,σ 点を決定するために式 (6.4) の共分散行列の平方根行列を必要とする.平方根行列の計算には特異値分解(SVD)やコレスキー分解を用いる.例として,2 次元の場合の σ 点について述べる.

例 6.2. $x = (x_1, x_2)$ は 2 次元ガウス分布に従い,平均値と共分散行列は

$$E \begin{bmatrix} x_1 \\ x_2 \end{bmatrix} = \begin{bmatrix} \mu_1 \\ \mu_2 \end{bmatrix} = \mu, \quad \text{var} \begin{bmatrix} x_1 \\ x_2 \end{bmatrix} = \begin{bmatrix} \sigma_1^2 & \sigma_{12} \\ \sigma_{12} & \sigma_2^2 \end{bmatrix} = \Sigma$$

[*1] $y = x^4$ より高次の場合,μ_{yU} もパラメータ λ を含む.

とする.ただし,$\sigma_1^2\sigma_2^2 - \sigma_{12}^2 > 0$ である.このとき,x の確率密度関数は

$$p(x) = \frac{1}{2\pi|\Sigma|^{1/2}}\exp\left(-\frac{1}{2}\begin{bmatrix} x_1 - \mu_1 & x_2 - \mu_2 \end{bmatrix}\Sigma^{-1}\begin{bmatrix} x_1 - \mu_1 \\ x_2 - \mu_2 \end{bmatrix}\right)$$

となる.よって,等確率楕円体は次式で与えられる[35].

$$\begin{bmatrix} x_1 - \mu_1 & x_2 - \mu_2 \end{bmatrix}\Sigma^{-1}\begin{bmatrix} x_1 - \mu_1 \\ x_2 - \mu_2 \end{bmatrix} = C \tag{6.5}$$

Σ の SVD を $\Sigma = USV^\mathrm{T}$ とすると,Σ の対称性から $U = V$ となり,また $S = \mathrm{diag}(s_1, s_2)$,$s_1 \geq s_2 > 0$ が成立する.この SVD を用いると,

$$U_s = \begin{bmatrix} u_{11} & u_{12} \\ u_{21} & u_{22} \end{bmatrix}\begin{bmatrix} \sqrt{s_1} & 0 \\ 0 & \sqrt{s_2} \end{bmatrix} = [\sqrt{s_1}u_1 \ \sqrt{s_2}u_2]$$

は Σ の平方根行列となる.2 つのベクトル $\sqrt{s_1}u_1$,$\sqrt{s_2}u_2$ は直交しているので,U_s を直交平方根行列(orthogonal matrix square root)という.$n = 2$ であるから,この場合 σ 点は 5 個存在して,

$$x^{(0)} = \mu, \quad x^{(i)} = \mu + \sqrt{2 + \lambda_s}\sqrt{s_i}u_i, \quad x^{(2+i)} = \mu - \sqrt{2 + \lambda_s}\sqrt{s_i}u_i$$
$$i = 1, 2 \tag{6.6}$$

で与えられる.ただし,λ_s は調整パラメータである.

また,共分散行列の下三角コレスキー分解を $\Sigma = LL^\mathrm{T}$ とすると,平方根行列は

$$L = \begin{bmatrix} l_{11} & 0 \\ l_{21} & l_{22} \end{bmatrix} = [l_1 \ l_2], \quad l_1, l_2 \in \mathbb{R}^2$$

となる.L は下三角行列であるから,ベクトル l_2 の要素は最後の要素を除いて 0 となるという性質がある.この場合,5 個の σ 点は

$$x^{(0)} = \mu, \quad x^{(i)} = \mu + \sqrt{2 + \lambda_c}\,l_i, \quad x^{(2+i)} = \mu - \sqrt{2 + \lambda_c}\,l_i$$
$$i = 1, 2 \tag{6.7}$$

となる.ただし,λ_c はパラメータである.

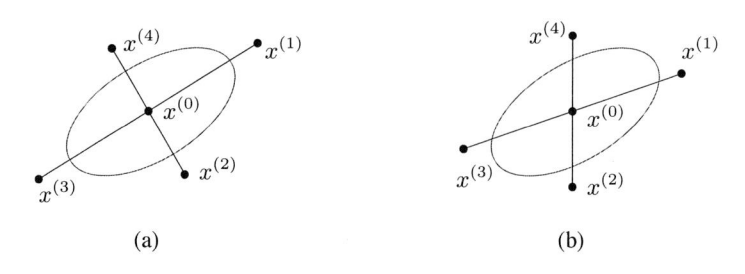

図 6.2 等確率楕円体 $C = 1$. (a) SVD, (b) コレスキー分解

図 6.2(a) および (b) には式 (6.5) の等確率楕円体[*1] ($C = 1$) および式 (6.6), 式 (6.7) で与えられる σ 点の配置を示している. (a) の場合長軸および短軸の長さはそれぞれ $2s_1$ および $2s_2$ であり, 特異ベクトル u_1, u_2 は等確率楕円体の長軸方向, 短軸方向と一致しており, σ 点はバランスよく配置されている. 他方, (b) のコレスキー分解による場合, ベクトル l_2 は縦軸に平行であり, l_1 と l_2 は決して直交することはない. したがって, σ 点の配置はややアンバランスとなっている. 計算例では, 両者の間には大きな差異は認められなかった. □

例 6.3. 非線形変換 $(x_1, x_2) \mapsto (y_1, y_2)$

$$y_1 = x_1 - x_2^2, \qquad y_2 = x_2 - x_1 x_2$$

を考える. ただし, (x_1, x_2) は例 6.2 で与えた 2 次元ガウス分布に従うとする. このとき, 出力 y_1, y_2 の平均値と分散, 共分散は以下のようになる.

$$\begin{aligned}
E\{y_1\} &= \mu_1 - \mu_2^2 - \sigma_2^2, & E\{y_2\} &= \mu_2 - \mu_1\mu_2 - \sigma_{12} \\
\mathrm{var}(y_1) &= \sigma_1^2 - 4\mu_2\sigma_{12} + 4\mu_2^2\sigma_2^2 + 2\sigma_2^4 \\
\mathrm{var}(y_2) &= \mu_2^2\sigma_1^2 + (1-\mu_1)^2\sigma_2^2 - 2(1-\mu_1)\mu_2\sigma_{12} + \sigma_1^2\sigma_2^2 + \sigma_{12}^2 \\
\mathrm{cov}(y_1, y_2) &= (1-\mu_1)\sigma_{12} - \mu_2\sigma_1^2 - 2\mu_2(1-\mu_1)\sigma_2^2 + 2\mu_2^2\sigma_{12} \\
&\quad + 2\sigma_2^2\sigma_{12}
\end{aligned} \tag{6.8}$$

ここで, $\sigma_1^2 = \sigma_2^2 = 1, \sigma_{12} = 0.5$ として, (μ_1, μ_2) のいくつかの組み合わせに対して, y_1, y_2 の平均値と分散, 共分散を計算すると表 6.2 のようになる.

[*1] $C = 1$ の場合, 1σ 楕円体ともいう.

6.1 Unscented 変換法

表 6.2 y の平均値と分散 ($\sigma_1^2 = 1, \sigma_2^2 = 1, \sigma_{12} = 0.5$)

	$(\mu_1, \mu_2) = (0, 0)$	$(\mu_1, \mu_2) = (1, 1)$	$(\mu_1, \mu_2) = (2, 2)$
$E\{y_1\}$	-1	-1	-3
$E\{y_2\}$	-0.5	-0.5	-2.5
$\mathrm{var}(y_1)$	3	5	15
$\mathrm{var}(y_2)$	2.25	2.25	8.25
$\mathrm{cov}(y_1, y_2)$	1.5	1.0	6.5

つぎに UT 法によって y_1, y_2 の平均値と分散,共分散を計算する.まず平均値については,式 (6.6), (6.7) のいずれの σ 点を用いても,パラメータ λ_s, λ_c の値に拘わらずすべての計算例に対して,UT 法による計算結果は表 6.2 の真値と一致した.これは,y_1, y_2 がともに x_1, x_2 の 4 次以上の項を含まないためである.また,図 6.3 は $\mu_1 = \mu_2 = 1$ の場合,分散と共分散の変化を λ を横軸にして示したものである.このとき,分散と共分散の真値を与える λ の値は $\mathrm{var}(y_1), \mathrm{var}(y_2), \mathrm{cov}(y_1, y_2)$ に対して,それぞれ $\lambda = 2.8, 0.4, 1.0$ となった.この値は表 6.2 の μ_1, μ_2 の他の組に対しても同じであった.式 (6.8) の右辺には分散 σ^2 の 3 乗以上の冪が含まれないため,λ を調節すれば,UT 法による結果は真値と一致するが,しかし λ の値は変量ごとにかなり異なっている. □

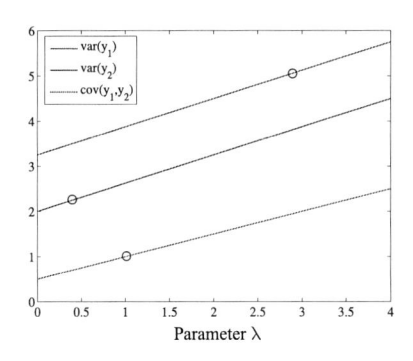

図 6.3 UT 法による出力の分散,共分散の変化 ($\mu_1 = 1, \mu_2 = 1$)

以上の簡単な例からも推察されるように,システムの次元 n が大きくなるにつれて,パラメータ λ の選択は難しいものとなるため,試行錯誤的なパラメータの調整が避けられない.また SVD とコレスキー分解では計算結果に差はないが,本書では SVD を用いている.

6.2 非線形確率システム

つぎの離散時間非線形確率システムについて考える.

$$x_{t+1} = f_t(x_t) + w_t \tag{6.9}$$

$$y_t = h_t(x_t) + v_t \tag{6.10}$$

ただし, $x_t \in \mathbb{R}^n$ は状態ベクトル, $y_t \in \mathbb{R}^p$ は観測ベクトル, $w_t \in \mathbb{R}^n$ はシステム雑音, $v_t \in \mathbb{R}^p$ は観測雑音である. また雑音は平均値 0 のガウス白色雑音であり, その共分散行列は

$$E\left\{ \begin{bmatrix} w_t \\ v_t \end{bmatrix} \begin{bmatrix} w_s^\mathrm{T} & v_s^\mathrm{T} \end{bmatrix} \right\} = \begin{bmatrix} Q_t & 0 \\ 0 & R_t \end{bmatrix} \delta_{ts}, \quad \forall\, t, s$$

であるとする. ただし, $Q_t \geq 0$, $R_t > 0$ と仮定する. 初期状態 x_0 は平均値 $\bar{x}_0$, 共分散行列 P_0 のガウス分布に従い, w_t, v_t とは独立であるとする.

非線形特性は $f_t : \mathbb{R}^n \to \mathbb{R}^n$, および $h_t : \mathbb{R}^n \to \mathbb{R}^p$ であり, 外部 (制御) 入力 u_t が Y^{t-1} の関数であれば, これを $f_t(x_t, u_t)$, $h_t(x_t, u_t)$ のように式 (6.9), (6.10) のモデルに含めることができることはすでに第 5 章で述べた.

第 5 章の拡張カルマンフィルタの場合と同様に, 0 から t までの観測データを $Y^t = \{y_0, \cdots, y_t\}$ とおく. 本章では, UT 法に基づいて, 状態ベクトルの条件つき期待値

$$\hat{x}_{t+m/t} = E\{x_{t+m} \mid Y^t\}, \qquad m = 0, 1 \tag{6.11}$$

を計算する UKF アルゴリズムを考える.

6.3 UKF アルゴリズム

UKF は条件つき確率密度関数がガウス分布に従うという仮定の下に, UT 法による近似計算によって条件つき期待値とその誤差共分散行列を逐次的に求めるので, どのような非線形システムにも適用可能である. まず, 条件つき確率密度関数に対する仮定から述べる.

仮定 6.1. 条件つき確率密度関数 $p(x_t \mid Y^{t-1})$ はガウス分布

$$p(x_t \mid Y^{t-1}) = N(x_t \mid \hat{x}_{t/t-1}, P_{t/t-1}) \tag{6.12}$$

に従う．ただし，$t = 0, 1, \cdots$ である． □

6.3.1　観測更新ステップ

観測更新ステップ $[\hat{x}_{t/t-1}, P_{t/t-1}, y_t] \rightarrow [\hat{x}_{t/t}, P_{t/t}]$ のアルゴリズムを導く．

まず，x_t と y_t の結合条件つき確率密度関数 $p(x_t, y_t \mid Y^{t-1})$ を求めよう．ベイズの定理と式 (6.10) から命題 3.1 の証明と同様にして

$$p(x_t, y_t \mid Y^{t-1}) = p(y_t \mid x_t) p(x_t \mid Y^{t-1}) \tag{6.13}$$

を得る．$v_t \sim N(0, R_t)$ と式 (6.12) の仮定から，右辺の 2 つの条件つき確率密度関数は共にガウス分布である．よって，$p(x_t, y_t \mid Y^{t-1})$ はガウス分布となる．

つぎに，$p(x_t, y_t \mid Y^{t-1})$ の平均値と共分散行列を求めよう．仮定 6.1 と式 (6.10) から，y_t の条件つき期待値

$$\begin{aligned}
\hat{y}_{t/t-1} &= E\{y_t \mid Y^{t-1}\} \\
&= E\{h_t(x_t) + v_t \mid Y^{t-1}\} = E\{h_t(x_t) \mid Y^{t-1}\}
\end{aligned}$$

を得る．ここで，事後確率密度関数 $p(x_t \mid Y^{t-1})$ に対する σ 点と重み係数の集合を $\{\hat{x}_{t/t-1}^{(i)}, W_h^{(i)}, i = 0, 1, \cdots, 2n\}$ とすると，条件つき期待値は

$$\hat{y}_{t/t-1} = E\{h_t(x_t) \mid Y^{t-1}\} = \sum_{i=0}^{2n} W_h^{(i)} h_t(\hat{x}_{t/t-1}^{(i)}) \tag{6.14}$$

となる[*1)]．また，y_t の条件つき共分散行列は以下のようになる．

$$\begin{aligned}
V_{t/t-1} &= \text{var}(y_t \mid Y^{t-1}) \\
&= E\{[y_t - \hat{y}_{t/t-1}][y_t - \hat{y}_{t/t-1}]^{\mathrm{T}} \mid Y^{t-1}\} \\
&= E\{[h_t(x_t) + v_t - \hat{y}_{t/t-1}][h_t(x_t) + v_t - \hat{y}_{t/t-1}]^{\mathrm{T}} \mid Y^{t-1}\}
\end{aligned}$$

[*1)] UT に基づく期待値の計算は近似計算であるが，煩雑さを避けるために等号を用いている．

ここで，$\xi_t := h_t(x_t) - \hat{y}_{t/t-1}$ とおくと，上式は

$$V_{t/t-1} = E\{\xi_t \xi_t^{\mathrm{T}} \mid Y^{t-1}\} + E\{v_t v_t^{\mathrm{T}} \mid Y^{t-1}\}$$
$$+ E\{v_t \xi_t^{\mathrm{T}} \mid Y^{t-1}\} + E\{\xi_t v_t^{\mathrm{T}} \mid Y^{t-1}\} \quad (6.15)$$

と表すことができる．また，$Z^t = \{X^t, Y^{t-1}\}$ とおくと，$Z^t \supset Y^{t-1}$ であり，かつ ξ_t は Z^t-可測である．仮定から $E\{v_t \mid Z^t\} = 0$ であるので，

$$E\{v_t \xi_t^{\mathrm{T}} \mid Y^{t-1}\} = E\{E\{v_t \xi_t^{\mathrm{T}} \mid Z^t\} \mid Y^{t-1}\}$$
$$= E\{E\{v_t \mid Z^t\} \xi_t^{\mathrm{T}} \mid Y^{t-1}\} = 0 \quad (6.16)$$

となる．よって，式 (6.15) 右辺の最後の 2 つの項は 0 である．したがって，式 (6.15) 右辺の最初の 2 項を計算すると，

$$V_{t/t-1} = \sum_{i=0}^{2n} W_h^{(i)} [h_t(\hat{x}_{t/t-1}^{(i)}) - \hat{y}_{t/t-1}][h_t(\hat{x}_{t/t-1}^{(i)}) - \hat{y}_{t/t-1}]^{\mathrm{T}} + R_t \quad (6.17)$$

を得る．さらに，x_t と y_t の条件つき共分散行列は

$$U_{t/t-1} = \mathrm{cov}(x_t, y_t \mid Y^{t-1})$$
$$= E\{[x_t - \hat{x}_{t/t-1}][y_t - \hat{y}_{t/t-1}]^{\mathrm{T}} \mid Y^{t-1}\}$$
$$= E\{[x_t - \hat{x}_{t/t-1}][h(x_t) + v_t - \hat{y}_{t/t-1}]^{\mathrm{T}} \mid Y^{t-1}\}$$

で与えられる．ここで，$\eta_t := x_t - \hat{x}_{t/t-1}$ は Z^t-可測であるから，式 (6.16) と同様に $E\{\eta_t v_t^{\mathrm{T}} \mid Y^{t-1}\} = 0$ となるので，次式を得る．

$$U_{t/t-1} = \sum_{i=0}^{2n} W_h^{(i)} [\hat{x}_{t/t-1}^{(i)} - \hat{x}_{t/t-1}][h_t(\hat{x}_{t/t-1}^{(i)}) - \hat{y}_{t/t-1}]^{\mathrm{T}} \quad (6.18)$$

以上をまとめると，(x_t, y_t) の条件つき期待値と共分散行列は

$$E\left\{\left[\begin{array}{c} x_t \\ y_t \end{array}\right] \bigg| Y^{t-1}\right\} = \left[\begin{array}{c} \hat{x}_{t/t-1} \\ \hat{y}_{t/t-1} \end{array}\right]$$

$$\mathrm{var}\left(\left[\begin{array}{c} x_t \\ y_t \end{array}\right] \bigg| Y^{t-1}\right) = \left[\begin{array}{cc} P_{t/t-1} & U_{t/t-1} \\ U_{t/t-1}^{\mathrm{T}} & V_{t/t-1} \end{array}\right]$$

となる [式 (2.51) 参照]．式 (2.52) から，カルマンゲインに相当するゲイン行列を

$$K_t = U_{t/t-1} V_{t/t-1}^{-1} \tag{6.19}$$

と定義すると，命題 2.7 から濾波推定値

$$\hat{x}_{t/t} = E\{x_t \mid Y^t\} = \hat{x}_{t/t-1} + K_t[y_t - \hat{y}_{t/t-1}]$$

および濾波推定誤差共分散行列

$$P_{t/t} = \mathrm{var}(x_t \mid Y^t) = P_{t/t-1} - U_{t/t-1} V_{t/t-1}^{-1} U_{t/t-1}^{\mathrm{T}} \tag{6.20}$$

を得る．これが，観測更新のアルゴリズムである．

よって，上に得られた $\hat{x}_{t/t}$ および $P_{t/t}$ を用いて，つぎの時間更新ステップでは濾波事後確率密度関数をガウス分布

$$p(x_t \mid Y^t) = N(x_t \mid \hat{x}_{t/t}, P_{t/t})$$

と仮定する．

6.3.2 時間更新ステップ

時間更新ステップでは，時刻 t までの観測データ $Y^t = \{y_0, y_1, \cdots, y_t\}$ に基づいて時刻 $t+1$ における状態ベクトル x_{t+1} の 1 段予測推定値 $\hat{x}_{t+1/t}$ とその共分散行列 $P_{t+1/t}$ を計算する．まず x_{t+1} の 1 段予測推定値は

$$\hat{x}_{t+1/t} = E\{x_{t+1} \mid Y^t\} = E\{f_t(x_t) + w_t \mid Y^t\} = E\{f_t(x_t) \mid Y^t\} \tag{6.21}$$

となる．ここで，$E\{w_t \mid Y^t\} = E\{w_t\} = 0$ であることを用いた．また x_{t+1} の条件つき共分散行列は

$$\begin{aligned}
P_{t+1/t} &= \mathrm{var}(x_{t+1} \mid Y^t) = E\{[x_{t+1} - \hat{x}_{t+1 t}][x_{t+1} - \hat{x}_{t+1/t}]^{\mathrm{T}} \mid Y^t\} \\
&= E\{[f_t(x_t) + w_t - \hat{x}_{t+1/t}][f_t(x_t) + w_t - \hat{x}_{t+1/t}]^{\mathrm{T}} \mid Y^t\} \\
&= E\{[f_t(x_t) - \hat{x}_{t+1/t}][f_t(x_t) - \hat{x}_{t+1/t}]^{\mathrm{T}} \\
&\quad + w_t w_t^{\mathrm{T}} + w_t [f_t(x_t) - \hat{x}_{t+1/t}]^{\mathrm{T}} + [f_t(x_t) - \hat{x}_{t+1/t}] w_t^{\mathrm{T}} \mid Y^t\}
\end{aligned}$$

となる．これは，式 (5.18) とほぼ同じ式であるから，式 (5.19) を導いたのと同じ方法を用いる．$X^t = \{x_0, x_1, \cdots, x_t\}$，および $Z^t = \{X^t, Y^t\}$ とおく．$Z^t \supset Y^t$ であり，$\xi_t := f_t(x_t) - \hat{x}_{t+1/t}$ は Z^t の関数（Z^t-可測）である．また仮定から $E\{w_t \mid Z^t\} = 0$ であることに注意すると，

$$E\{w_t \xi_t^{\mathrm{T}} \mid Y^t\} = E\{E\{w_t \xi_t^{\mathrm{T}} \mid Z^t\} \mid Y^t\}$$
$$= E\{E\{w_t \mid Z^t\} \xi_t^{\mathrm{T}} \mid Y^t\} = 0$$

が成立する．したがって，予測誤差共分散行列は

$$P_{t+1|t} = E\{\xi_t \xi_t^{\mathrm{T}} \mid Y^t\} + E\{w_t w_t^{\mathrm{T}}\}$$
$$= E\{[f_t(x_t) - \hat{x}_{t+1/t}][f_t(x_t) - \hat{x}_{t+1/t}]^{\mathrm{T}} \mid Y^t\} + Q_t \qquad (6.22)$$

のようになる．

ここで，仮定 $p(x_t \mid Y^t) = N(x_t \mid \hat{x}_{t/t}, P_{t/t})$ を用いて，UT 法のための σ 点と重み係数の集合を $\{\hat{x}_{t/t}^{(i)}, W_f^{(i)}, i = 0, 1, \cdots, 2n\}$ とおくと，式 (6.21) から

$$\hat{x}_{t+1/t} = \sum_{i=0}^{2n} W_f^{(i)} f_t(\hat{x}_{t/t}^{(i)}) \qquad (6.23)$$

また式 (6.22) から

$$P_{t+1/t} = \sum_{i=0}^{2n} W_f^{(i)} [f_t(\hat{x}_t^{(i)}) - \hat{x}_{t+1/t}][f_t(\hat{x}_t^{(i)}) - \hat{x}_{t+1/t}]^{\mathrm{T}} + Q_t \qquad (6.24)$$

を得る．

以上をまとめると，つぎの UKF アルゴリズムを得る．

6.4　UKF アルゴリズムのまとめ

定理 6.1.　（UKF アルゴリズム）

1) 初期値を $\hat{x}_{0/-1} = \hat{x}_0$, $P_{0/-1} = P_0$ とおき，$t = 0$ とする．
2) 観測更新ステップ **Input**: $[\hat{x}_{t/t-1}, P_{t/t-1}, y_t]$ → **Output**: $[\hat{x}_{t/t}, P_{t/t}]$

6.4 UKF アルゴリズムのまとめ

a) σ 点と重み係数

$$\hat{x}_{t/t-1}^{(0)} = \hat{x}_{t/t-1}, \qquad\qquad W_h^{(0)} = \frac{\lambda_h}{n+\lambda_h}$$

$$\hat{x}_{t/t-1}^{(i)} = \hat{x}_{t/t-1} + \left(\sqrt{(n+\lambda)P_{t/t-1}}\right)_i, \quad W_h^{(i)} = \frac{1}{2(n+\lambda_h)}$$

$$\hat{x}_{t|t-1}^{(i+n)} = \hat{x}_{t/t-1} - \left(\sqrt{(n+\lambda)P_{t/t-1}}\right)_i, \quad W_h^{(i+n)} = \frac{1}{2(n+\lambda_h)}$$

$$i = 1, \cdots, n$$

ただし，$(\cdot)_i$ は第 i 列ベクトルである．

b) σ 点の h_t による変換

$$\hat{y}_{t/t-1}^{(i)} = h_t(\hat{x}_{t/t-1}^{(i)}), \qquad i = 0, 1, \cdots, 2n$$

c) 出力の 1 段予測推定値

$$\hat{y}_{t/t-1} = \sum_{i=0}^{2n} W_h^{(i)} \hat{y}_{t/t-1}^{(i)}$$

d) 条件つき共分散行列

$$V_{t/t-1} = \sum_{i=0}^{2n} W_h^{(i)} [\hat{y}_{t/t-1}^{(i)} - \hat{y}_{t/t-1}][\hat{y}_{t/t-1}^{(i)} - \hat{y}_{t/t-1}]^\mathrm{T} + R_t$$

$$U_{t/t-1} = \sum_{i=0}^{2n} W_h^{(i)} [\hat{x}_{t/t-1}^{(i)} - \hat{x}_{t/t-1}][\hat{y}_{t/t-1}^{(i)} - \hat{y}_{t/t-1}]^\mathrm{T}$$

e) UKF ゲイン

$$K_t = U_{t/t-1} V_{t/t-1}^{-1}$$

f) 濾波推定値

$$\hat{x}_{t/t} = \hat{x}_{t|t-1} + K_t[y_t - \hat{y}_{t|t-1}]$$

g) 濾波推定誤差共分散行列

$$P_{t/t} = P_{t/t-1} - U_{t/t-1} V_{t/t-1}^{-1} U_{t/t-1}^\mathrm{T}$$

3) 時間更新ステップ **Input**: $[\hat{x}_{t/t}, P_{t/t}]$ $\rightarrow$ **Output**: $[\hat{x}_{t+1/t}, P_{t+1/t}]$

a) σ 点と重み係数

$$\hat{x}_{t/t}^{(0)} = \hat{x}_{t/t}, \qquad\qquad W_f^{(0)} = \frac{\lambda_f}{n + \lambda_f}$$

$$\hat{x}_{t/t}^{(i)} = \hat{x}_{t/t} + \left(\sqrt{(n+\lambda)P_{t/t}}\right)_i, \qquad W_f^{(i)} = \frac{1}{2(n+\lambda_f)}$$

$$\hat{x}_{t/t}^{(i+n)} = \hat{x}_{t/t} - \left(\sqrt{(n+\lambda)P_{t/t}}\right)_i, \qquad W_f^{(i+n)} = \frac{1}{2(n+\lambda_f)}$$

$$i = 1, \cdots, n$$

b) σ 点の f_t による変換

$$\hat{x}_{t+1/t}^{(i)} = f_t(\hat{x}_{t/t}^{(i)}), \qquad i = 0, 1, \cdots, 2n$$

c) 1 段予測推定値

$$\hat{x}_{t+1/t} = \sum_{i=0}^{2n} W_f^{(i)} \hat{x}_{t+1/t}^{(i)}$$

d) 予測誤差共分散行列

$$P_{t+1/t} = \sum_{i=0}^{2n} W_f^{(i)} [\hat{x}_{t+1/t}^{(i)} - \hat{x}_{t+1/t}][\hat{x}_{t+1/t}^{(i)} - \hat{x}_{t+1/t}]^{\mathrm{T}} + Q_t$$

4) $t \leftarrow t+1$ としてステップ 2) へ戻る. □

ステップ 2) とステップ 3) を繰り返すことにより, $\hat{x}_{t/t}, \hat{x}_{t+1/t}$ が逐次的に計算できる.

定理 6.1 の UKF アルゴリズムはステップ 2) と 3) の繰り返しごとに σ 点を生成している. しかし, ステップ 3-b) で生成される σ 点 $\hat{x}_{t+1/t}^{(i)}$ を 2 回目以降のステップ 2-b) で用いることができるので, ステップ 2-a) における σ 点の生成は最初の 1 回だけにすることも可能である. ステップ 2-a), 3-a) の平方根行列の計算には SVD を用いる. また, いくつかの文献[19,56]では, 初期値として $\hat{x}_{0/0}, P_{0/0}$ を用いて, 上のアルゴリズムのステップ 3) から出発している.

動的システムあるいは観測システムのどちらか一方が線形であれば, UT 変換の定義からその部分は σ 点を用いた計算が不要となるので, カルマンフィルタの時間更新アルゴリズムあるいは観測更新アルゴリズムに帰着する.

6.5 ウィナーモデルの推定

ウィナーモデルは図 6.4 に示すように,線形システム (S) の出力端に静的な非線形要素が結合したもので,非線形システムの同定モデルとして広く用いられている.ここでは,簡単な 1 入力 1 出力ウィナーモデル

$$x_{t+1} = ax_t + bu_t + w_t$$
$$y_t = \underbrace{\beta_1 x_t + \beta_2 x_t^2 + \beta_3 x_t^3}_{h(x_t)} + v_t$$

を考える.パラメータ a, b は既知として,入出力データ $\{u_t, y_t, t = 0, 1, \cdots, N\}$ に基づいて,非線形要素のパラメータ $\beta_1, \beta_2, \beta_3$ を推定する問題を考える.

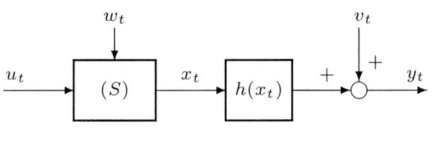

図 6.4 ウィナーモデル

UKF アルゴリズムを用いるために,状態変数 x_t と 3 個の未知パラメータを新たに状態変数として,$x_{1,t} = x_t$, $x_{2,t} = \beta_1$, $x_{3,t} = \beta_2$, $x_{4,t} = \beta_3$ とおき,拡大状態ベクトル $x_t := [x_{1,t}\ x_{2,t}\ x_{3,t}\ x_{4,t}]^\mathrm{T} \in \mathbb{R}^4$ を定義する.このとき,拡大非線形時変システムは

$$x_{t+1} = \begin{bmatrix} a & 0 & 0 & 0 \\ & 1 & & \\ & & 1 & \\ & & & 1 \end{bmatrix} x_t + \begin{bmatrix} b \\ 0 \\ 0 \\ 0 \end{bmatrix} u_t + \begin{bmatrix} 1 \\ 0 \\ 0 \\ 0 \end{bmatrix} w_t$$

$$y_t = x_{1,t} x_{2,t} + x_{1,t}^2 x_{3,t} + x_{1,t}^3 x_{4,t} + v_t$$

となる.よって,出力の非線形要素のヤコビアンは

$$H_t = \frac{\partial h_t}{\partial x_t} = \begin{bmatrix} \gamma_t & x_{1,t} & x_{1,t}^2 & x_{1,t}^3 \end{bmatrix} \in \mathbb{R}^{1 \times 4}$$

で与えられる．ただし，$\gamma_t = x_{2,t} + 2x_{3,t}x_{1,t} + 3x_{4,t}x_{1,t}^2$ である．

例 5.1 の場合と同様に可観測行列を計算すると，

$$\mathcal{O}_4(t) = \begin{bmatrix} \gamma_t & x_{1,t} & x_{1,t}^2 & x_{1,t}^3 \\ a\gamma_{t+1} & x_{1,t+1} & x_{1,t+1}^2 & x_{1,t+1}^3 \\ a^2\gamma_{t+2} & x_{1,t+2} & x_{1,t+2}^2 & x_{1,t+2}^3 \\ a^3\gamma_{t+3} & x_{1,t+3} & x_{1,t+3}^2 & x_{1,t+3}^3 \end{bmatrix}$$

となる．γ_t はほとんど確実に非ゼロ，第 $2 \sim 4$ 列はバンデルモンド行列であるから，$x_{1,t+1}, x_{1,t+2}, x_{1,t+3}$ が等しくない限り 1 次独立である．よって，ほとんど確実に $\mathrm{rank}\mathcal{O}_4(t) = 4$ となり，局所的な可観測性が成り立つ．

u_t を $N(0,4)$ に従う白色雑音，パラメータを $a = 0.9, b = 1$（既知），$\beta_1 = 1$，$\beta_2 = 0.05$，$\beta_3 = -0.01$ とする（図 6.5 参照）．また雑音の分散を $q = 0.36$,

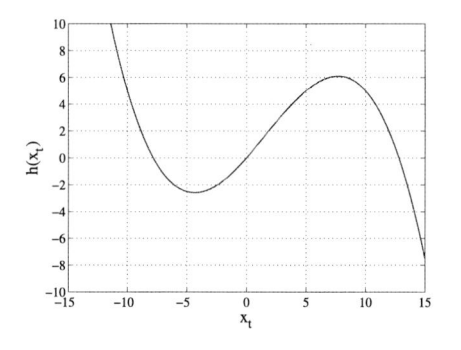

図 6.5 非線形要素 $h(x_t)$

$r = 0.25$，初期値を $x_0 = 0$ として，$N = 1000$ 個の入出力データを生成してUKF および EKF によって状態とパラメータの同時推定を行った．ただし，UKFのパラメータは $\lambda_h = 2$，フィルタの初期値は $\hat{x}_{0/-1} = 0$，$P_{0/-1} = \mathrm{diag}[4\ 1\ 1\ 1]$ と仮定した．図 6.6, 6.7, 6.8 にはそれぞれパラメータ β_1, β_2 の推定値と状態の推定誤差 $E_t = |x_{1,t} - \hat{x}_{1,t/t}|$ を示す．なおパラメータ β_3 の推定結果は両者とも非常に良好であったので，紙面の都合で省略した．いずれも，15 回のモンテカ

6.5 ウィナーモデルの推定

図 6.6 パラメータ β_1 の推定結果: UKF(左), EKF(右)

図 6.7 パラメータ β_2 の推定結果: UKF(左), EKF(右)

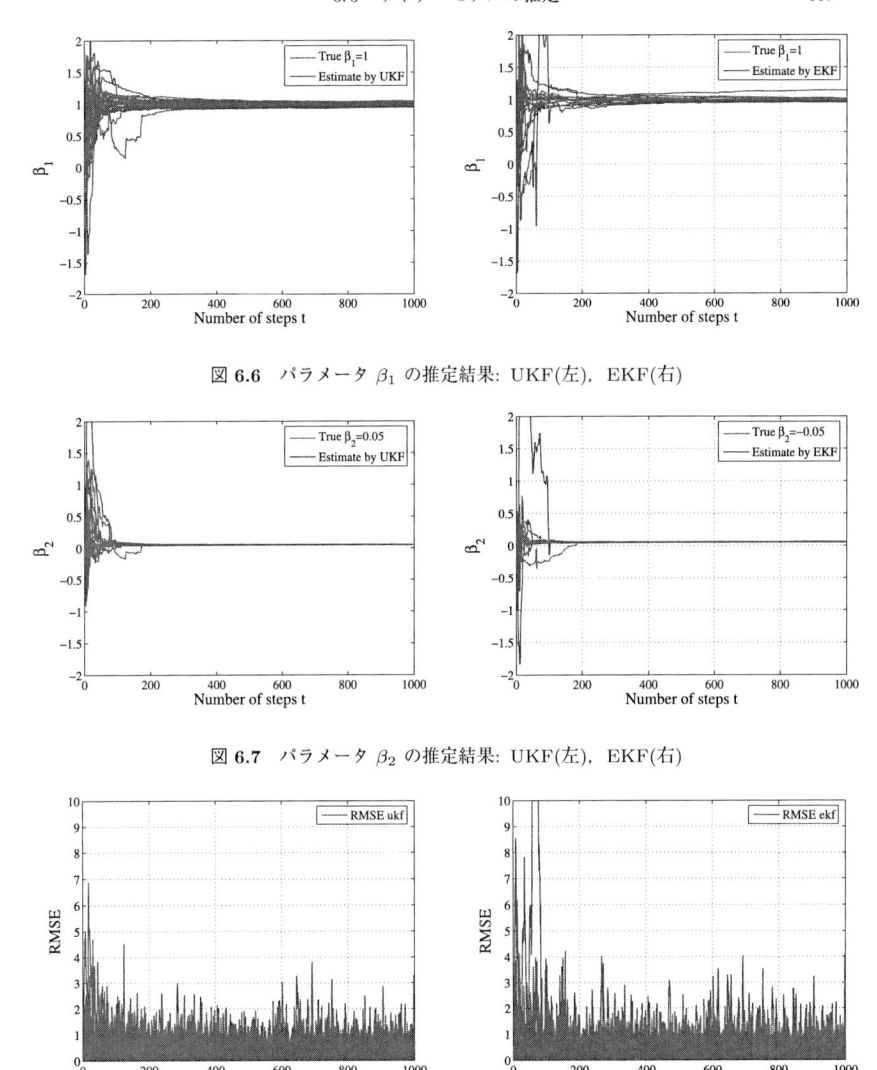

図 6.8 状態の推定誤差: UKF(左), EKF(右)

ルロ・シミュレーションによる推定結果を重ねてプロットしたものである．またUKFの計算時間（アルゴリズムの実行のみ）はEKFの約10倍を要した．

推定結果から判断する限り，UKFによる方がEKFによるよりも推定値のば

らつきはやや小さくなっており，UKF アルゴリズムの方が EKF より少しだけ良い結果を与えている．シミュレーション結果は当然発生した乱数によってかなり違ったものになる．

この例の場合，EKF では初期値を $x_{1,t}$ の定常分散の値よりやや大きい値 $P_{0/-1}(1,1) = 25$ にすると，推定値が発散する場合も見られたが，UKF ではそのようなことはなかった．線形システムの場合には，共分散行列の初期値を大きくしてもカルマンフィルタの安定性が（可観測性と可到達性の条件の下で）保証されているので問題はないが，非線形フィルタでは初期値の与え方には注意が必要である．

6.6　ノ　ー　ト

- 6.1 節では UKF の鍵となる UT 法を紹介し，例題に基づいてその特徴を説明した．UT 法におけるパラメータ λ の選択についてもいくつかの研究があるが[56]，最終的にはシミュレーションで試行錯誤的に決めなければならない．なお，確率楕円体については Cramér[35] を参照した．
- 6.2 節では非線形推定問題を再掲し，6.3 節では UKF アルゴリズムを説明し，6.4 節に UKF アルゴリズムをまとめた．6.5 節ではシステム同定の分野で用いられるウィナーモデルのパラメータ推定の数値例を紹介した．
- UKF は Julier 他[56~58] によって提案されたもので，EKF のようなヤコビアンを必要としない非線形フィルタである．6.1 節でも述べたように，UT 法による非線形関数の近似は線形近似よりすぐれており，UKF は 2 次フィルタに近く EKF より性能はよいとされている[56,78]．しかし問題によっては EKF と比較して性能がほとんど改善されない場合もある[80]．
- 日本語の解説としては山北[19]，魚崎[3] が参考になる．この他 Ristic 他[78]，Xiong 他[97]，Arasaratnam 他[25] など非常に多くの文献がある．近年 Särkkä[79,80] は UKF を連続時間非線形システムの推定問題に拡張し，さらに離散時間非線形システムのスムーザを導いている．Lefebvre 他[71] は統計的等価線形化の立場から，UKF の新しい解釈を与えている．

7

アンサンブルカルマンフィルタ

　本章では，アンサンブルカルマンフィルタ EnKF について紹介する．EnKF の特徴は，システムの状態ベクトルの動きをアンサンブルと呼ばれる粒子の集合によって近似して，アンサンブル平均によって状態ベクトルや出力ベクトルの共分散行列を求め，それを用いてカルマンゲインを数値的に計算することである．また，EnKF を線形確率システムに適用した場合，アンサンブルの数を大きくすると，EnKF の推定値はカルマンフィルタの最小分散推定値に漸近することを示す．最後に 2 次元非線形モデル，および 1 次元熱伝導モデルを離散化して得られる高次元線形モデルに対する数値例を紹介する．

7.1　非線形確率システム

つぎの離散時間非線形確率システムについて考える．

$$x_{t+1} = f_t(x_t) + w_t \tag{7.1}$$

$$y_t = h_t(x_t) + v_t \tag{7.2}$$

ただし，$x_t \in \mathbb{R}^n$ は状態ベクトル，$y_t \in \mathbb{R}^p$ は観測ベクトルであり，非線形特性は $f_t : \mathbb{R}^n \to \mathbb{R}^n$ および $h_t : \mathbb{R}^n \to \mathbb{R}^p$ であるとする．また $w_t \in \mathbb{R}^n$ はシステム雑音，$v_t \in \mathbb{R}^p$ は観測雑音である．雑音は平均値 0 のガウス白色雑音であり，その共分散行列は

$$E\left\{ \begin{bmatrix} w_t \\ v_t \end{bmatrix} [w_s^{\mathrm{T}} \quad v_s^{\mathrm{T}}] \right\} = \begin{bmatrix} Q_t & 0 \\ 0 & R_t \end{bmatrix} \delta_{ts}, \quad t, s = 0, 1, \cdots$$

であるとする.ただし,$Q_t \geq 0$,$R_t > 0$,初期状態 x_0 は平均値 $\bar{x}_0$,共分散行列 P_0 のガウス分布に従い,かつ $E\{w_t x_0^{\mathrm{T}}\} = 0$,$E\{v_t x_0^{\mathrm{T}}\} = 0$,$t = 0, 1, \cdots$ であると仮定する.

0 から t までの観測データを $Y^t = \{y_0, \cdots, y_t\}$ とおく.本章では,状態ベクトルの条件つき期待値

$$\hat{x}_{t+m/t} = E\{x_{t+m} \mid Y^t\}, \qquad m = 0, 1 \tag{7.3}$$

を計算するアンサンブルカルマンフィルタ EnKF について述べる.

7.2 EnKF アルゴリズム

EnKF のアイデアは非常に簡単である.式 (7.1),(7.2) のコピーである M 個のシステムを以下のように準備する.

$$(S_i) \quad \begin{cases} x_{t+1}^{(i)} = f_t(x_t^{(i)}) + w_t^{(i)} \\ y_t^{(i)} = h_t(x_t^{(i)}) + v_t^{(i)}, \qquad i = 1, \cdots, M \end{cases} \tag{7.4}$$

ただし,(S_i) は i 番目のシステム,$x_t^{(i)}$ は (S_i) の状態ベクトル,状態ベクトルの集合 $\{x_t^{(i)}, i = 1, \cdots, M\}$ をアンサンブル(あるいは粒子)という.また $w_t^{(i)}$,$v_t^{(i)}$ は平均値 0,共分散行列 Q_t,R_t に従うシステムおよび観測雑音のサンプルであり,乱数によって生成する.さらに,システム (S_i) に初期値 $x_{0/-1}^{(i)}, i = 1, \cdots, M$ をランダムに与える.

観測データ Y^{t-1} に基づくシステム (S_i) の状態ベクトル $x_t^{(i)}$ の 1 段予測推定値の集合を

$$X_{t/t-1} = \left[x_{t/t-1}^{(1)}, x_{t/t-1}^{(2)}, \cdots, x_{t/t-1}^{(M)} \right] \in \mathbb{R}^{n \times M} \tag{7.5}$$

で表す.このような M 個の要素からなる行列をアンサンブル行列という.このアンサンブル行列は,Y^{t-1} に基づく状態ベクトル x_t の条件つき確率分布が

$$p(x_t \mid Y^{t-1}) \simeq \frac{1}{M} \sum_{i=1}^{M} \delta(x_t - x_{t/t-1}^{(i)})$$

7.2 EnKF アルゴリズム

のように近似されていることを意味する．ただし，$\delta(\cdot)$ はディラックのデルタ関数である（8.3 節参照）．

つぎに，新しい観測値 y_t が得られると，式 (7.5) のアンサンブル行列と y_t に基づいて時刻 t における濾波推定値からなるアンサンブル行列

$$X_{t/t} = \left[x_{t/t}^{(1)}, x_{t/t}^{(2)}, \cdots, x_{t/t}^{(M)} \right] \in \mathbb{R}^{n \times M} \tag{7.6}$$

を求める．このとき，Y^t に基づく x_t の条件つき確率密度関数は

$$p(x_t \mid Y^t) \simeq \frac{1}{M} \sum_{i=1}^{M} \delta(x_t - x_{t/t}^{(i)})$$

のように近似される．

さらに時間更新によって，新しいアンサンブル行列 $X_{t+1/t}$ を求め，以下同様の手順を繰り返し実行する．この時間更新と観測更新のステップからなる手順はカルマンフィルタの手順とまったく同じである．

なお，EnKF では時間更新ステップを予測（forecast）ステップ，観測更新ステップを分析（analysis）ステップと呼んでいる[4]．そして，気象学におけるモデルは偏微分方程式であり，x, y は空間変数となるため，状態の 1 段予測推定値を ψ_t^f，濾波推定値を ψ_t^a，さらにアンサンブル行列を $\boldsymbol{A}^f$, $\boldsymbol{A}^a$ と表している．しかし，本書では前章まで用いてきた記号を継続して使用する．

7.2.1 観測更新ステップ

システム (S_i) の状態ベクトル $x_t^{(i)}, i = 1, \cdots, M$ の 1 段予測推定値からなる式 (7.5) のアンサンブル行列 $X_{t/t-1}$ が与えられているとする．このとき，アンサンブル平均から x_t の 1 段予測推定値は

$$x_{t/t-1}^M = \frac{1}{M} \sum_{i=1}^{M} x_{t/t-1}^{(i)} \tag{7.7}$$

となる[*1]．よって，状態ベクトル $x_t^{(i)}$ の 1 段予測誤差は

$$\tilde{x}_{t/t-1}^{(i)} = x_{t/t-1}^{(i)} - x_{t/t-1}^M, \qquad i = 1, \cdots, M$$

[*1] $(\cdot)^M$ は M 個のアンサンブルによる平均であることを示す．

で与えられるので，予測誤差アンサンブル行列

$$\tilde{X}_{t/t-1} = \left[\tilde{x}_{t/t-1}^{(1)}, \tilde{x}_{t/t-1}^{(2)}, \cdots, \tilde{x}_{t/t-1}^{(M)}\right] \in \mathbb{R}^{n \times M} \tag{7.8}$$

を得る．また予測誤差共分散行列は次式で与えられる．

$$P_{t/t-1}^M = \frac{1}{M-1} \tilde{X}_{t/t-1} (\tilde{X}_{t/t-1})^{\mathrm{T}} \tag{7.9}$$

つぎに，式 (7.4) を参照して，$p(v_t) \sim N(0, R_t)$ に従って生成された独立な雑音 $v_t^{(i)}$ と 1 段予測推定値 $x_{t/t-1}^{(i)}$ を用いて，

$$y_{t/t-1}^{(i)} = h_t(x_{t/t-1}^{(i)}) + v_t^{(i)}, \qquad i = 1, \cdots, M \tag{7.10}$$

とおき，アンサンブル行列

$$Y_{t/t-1} = \left[y_{t/t-1}^{(1)}, y_{t/t-1}^{(2)}, \cdots, y_{t/t-1}^{(M)}\right] \in \mathbb{R}^{p \times M}$$

を定義する．さらに，アンサンブル平均を

$$y_{t/t-1}^M = \frac{1}{M} \sum_{i=1}^{M} y_{t/t-1}^{(i)} \tag{7.11}$$

とおくと，これが出力 y_t の 1 段予測推定値となる．雑音 $v_t^{(i)}$ の平均値は 0 であるから，式 (7.11) 右辺は近似的に $\frac{1}{M} \sum_{i=1}^{M} h_t(x_{t/t-1}^{(i)})$ に等しくなる．よって，システム (S_i) の出力の 1 段予測誤差は

$$\tilde{y}_{t/t-1}^{(i)} = y_{t/t-1}^{(i)} - y_{t/t-1}^M, \qquad i = 1, \cdots, M \tag{7.12}$$

で与えられる．これより，出力の予測誤差アンサンブル行列

$$\tilde{Y}_{t/t-1} = \left[\tilde{y}_{t/t-1}^{(1)}, \tilde{y}_{t/t-1}^{(2)}, \cdots, \tilde{y}_{t/t-1}^{(M)}\right] \in \mathbb{R}^{p \times M} \tag{7.13}$$

を得る．

ここで，式 (7.13) および式 (7.8) の予測誤差アンサンブル行列を用いて，

$$V_{t/t-1}^M = \frac{1}{M-1} \tilde{Y}_{t/t-1} (\tilde{Y}_{t/t-1})^{\mathrm{T}} \in \mathbb{R}^{p \times p} \tag{7.14}$$

$$U_{t/t-1}^M = \frac{1}{M-1} \tilde{X}_{t/t-1} (\tilde{Y}_{t/t-1})^{\mathrm{T}} \in \mathbb{R}^{n \times p} \tag{7.15}$$

を定義する [式 (6.17), (6.18) 参照]. カルマンフィルタとの対比でみると, $V_{t/t-1}^M$ は y_t の条件つき共分散行列, $U_{t/t-1}^M$ は x_t と y_t の条件つき共分散行列である. このとき, 時刻 t におけるカルマンゲインは

$$K_t^M = U_{t/t-1}^M (V_{t/t-1}^M)^{-1} \in \mathbb{R}^{n \times p} \tag{7.16}$$

で与えられる [式 (6.19) 参照].

ここで, 実際の観測値 y_t を用いると, システム (S_i) の状態ベクトル $x_t^{(i)}$ の濾波推定値は

$$x_{t/t}^{(i)} = x_{t/t-1}^{(i)} + K_t^M [y_t - y_{t/t-1}^{(i)}], \quad i = 1, \cdots, M \tag{7.17}$$

となり, 以下の濾波アンサンブル行列

$$X_{t/t} = \left[x_{t/t}^{(1)}, x_{t/t}^{(2)}, \cdots, x_{t/t}^{(M)} \right] \in \mathbb{R}^{n \times M} \tag{7.18}$$

を得る. このとき, x_t の濾波推定値はアンサンブル平均

$$x_{t/t}^M = \frac{1}{M} \sum_{i=1}^{M} x_{t/t}^{(i)} \tag{7.19}$$

で与えられ, システム (S_i) の状態ベクトルの濾波推定誤差

$$\tilde{x}_{t/t}^{(i)} = x_{t/t}^{(i)} - x_{t/t}^M, \quad i = 1, \cdots, M \tag{7.20}$$

を得る. したがって, 濾波推定誤差アンサンブル行列は

$$\tilde{X}_{t/t} = \left[\tilde{x}_{t/t}^{(1)}, \tilde{x}_{t/t}^{(2)}, \cdots, \tilde{x}_{t/t}^{(M)} \right] \in \mathbb{R}^{n \times M}$$

となる. これから, 濾波推定誤差共分散行列は

$$P_{t/t}^M = \frac{1}{M-1} \tilde{X}_{t/t} (\tilde{X}_{t/t})^{\mathrm{T}} \tag{7.21}$$

で与えられる.

式 (7.10) において, 雑音 $v_t^{(i)}$ を予測値 $h_t(x_{t/t-1}^{(i)})$ に意図的に加えているが, これはアンサンブル $y_{t/t-1}^{(i)}, i = 1, \cdots, M$ が縮退することを防ぐために必要な

ステップである.よって,式 (7.17) のイノベーション過程に相当する項は

$$y_t - y_{t/t-1}^{(i)} = y_t - h_t(x_{t/t-1}^{(i)}) - v_t^{(i)}, \quad i = 1, \cdots, M$$

となる.ただし,論文 Gillijns 他[43] の式 (3.9) とは,$v_t^{(i)}$ の符号が異なっている.もし式 (7.10) において,雑音 $v_t^{(i)}$ を加えるという手続きを省略するとよい推定結果は望めない.この手続きは,粒子フィルタにおけるリサンプリングの効果と同様の効果を与えるものと考えられる(8.4 節参照).

7.2.2 時間更新ステップ

式 (7.18) のアンサンブル行列 $X_{t/t}$ が与えられているとする.雑音 w_t の分布 $N(0, Q_t)$ から得られる M 個のサンプルを $w_t^{(i)}, i = 1, \cdots, M$ とおき,式 (7.4) に基づいて

$$x_{t+1/t}^{(i)} = f_t(x_{t/t}^{(i)}) + w_t^{(i)}, \quad i = 1, \cdots, M \tag{7.22}$$

を生成する.このとき,条件つき確率密度関数 $p(x_{t+1} \mid Y^t)$ を近似するアンサンブル行列は

$$X_{t+1/t} = \left[x_{t+1/t}^{(1)}, x_{t+1/t}^{(2)}, \cdots, x_{t+1/t}^{(M)} \right] \in \mathbb{R}^{n \times M} \tag{7.23}$$

となる.したがって,状態ベクトルの 1 段予測推定値は

$$x_{t+1/t}^M = \frac{1}{M} \sum_{i=1}^{M} x_{t+1/t}^{(i)} \tag{7.24}$$

で与えられる.ここで,雑音 $w_t^{(i)}$ の平均値は 0 であることに注意すると,上式右辺は近似的に $\frac{1}{M} \sum_{i=1}^{M} f_t(x_{t/t}^{(i)})$ に等しくなる.よって,システム (S_i) の状態ベクトルの 1 段予測誤差は

$$\tilde{x}_{t+1/t}^{(i)} = x_{t+1/t}^{(i)} - x_{t+1/t}^M, \quad i = 1, \cdots, M$$

となる.したがって,予測誤差アンサンブル行列

$$\tilde{X}_{t+1/t} = \left[\tilde{x}_{t+1/t}^{(1)}, \tilde{x}_{t+1/t}^{(2)}, \cdots, \tilde{x}_{t+1/t}^{(M)} \right] \in \mathbb{R}^{n \times M} \tag{7.25}$$

および予測誤差共分散行列

$$P_{t+1/t}^M = \frac{1}{M-1}\tilde{X}_{t+1/t}(\tilde{X}_{t+1/t})^{\mathrm{T}} \tag{7.26}$$

を得る．推定誤差共分散行列 $P_{t/t}^M$，$P_{t+1/t}^M$ は EnKF アルゴリズムの中で直接用いられることはないが，必要なときにはいつでも計算できる．

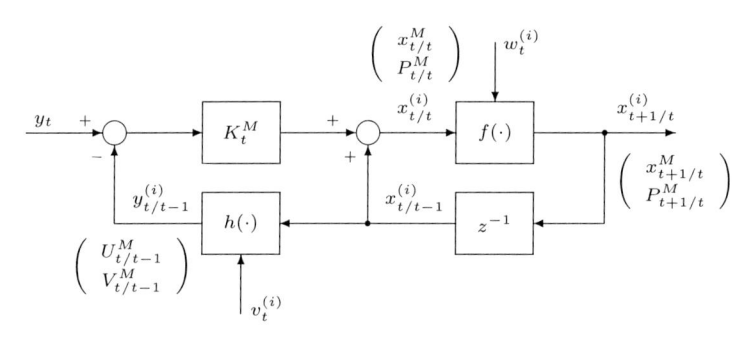

図 7.1 EnKF の概念的なブロック線図 ($i=1,\cdots,M$)

図 7.1 は EnKF のステップを模式的に表したものである．基本となる構造は図 3.4 のカルマンフィルタのブロック線図である．括弧 ($\cdot$) で示した行列や推定値とその共分散行列は M 個のアンサンブル平均によって計算されることを示している．

7.3　EnKF アルゴリズムのまとめ

定理 7.1.（EnKF アルゴリズム）
1) 初期ベクトルの平均値 $\bar{x}_0$ および共分散行列 P_0 からアンサンブル行列 $X_{0/-1} = [x_{0/-1}^{(1)}, x_{0/-1}^{(2)}, \cdots, x_{0/-1}^{(M)}]$ を生成し，$t=0$ とおく．
2) 観測更新ステップ　**Input:** $[X_{t/t-1}, y_t]$ → **Output:** $[X_{t/t}, \hat{x}_{t/t}]$
   a) 式 (7.7) によって x_t の1段予測推定値を計算し，式 (7.8) から予測誤差アンサンブルを計算する．

$$\tilde{X}_{t/t-1} = \left[\tilde{x}_{t/t-1}^{(1)}, \tilde{x}_{t/t-1}^{(2)}, \cdots, \tilde{x}_{t/t-1}^{(M)}\right]$$

b) 雑音のサンプル $v_t^{(i)}, i = 1, \cdots, M$ を生成して,式 (7.10) によりシステム (S_i) の出力ベクトルの予測値を計算する.

$$y_{t/t-1}^{(i)} = h_t(x_{t/t-1}^{(i)}) + v_t^{(i)}, \qquad i = 1, \cdots, M$$

c) 出力の予測誤差アンサンブル行列 [式 (7.13)]

$$\tilde{Y}_{t/t-1} = \left[\tilde{y}_{t/t-1}^{(1)}, \tilde{y}_{t/t-1}^{(2)}, \cdots, \tilde{y}_{t/t-1}^{(M)} \right]$$

d) 共分散行列 [式 (7.14), (7.15)]

$$V_{t/t-1}^M = \frac{1}{M-1} \tilde{Y}_{t/t-1} (\tilde{Y}_{t/t-1})^{\mathrm{T}}$$

$$U_{t/t-1}^M = \frac{1}{M-1} \tilde{X}_{t/t-1} (\tilde{Y}_{t/t-1})^{\mathrm{T}}$$

e) カルマンゲイン [式 (7.16)]

$$K_t = U_{t/t-1}^M (V_{t/t-1}^M)^{-1}$$

f) システム (S_i) の濾波推定値 [式 (7.17)]

$$x_{t/t}^{(i)} = x_{t/t-1}^{(i)} + K_t[y_t - y_{t/t-1}^{(i)}], \qquad i = 1, \cdots, M$$

g) 濾波アンサンブル行列 [式 (7.18)]

$$X_{t/t} = \left[x_{t/t}^{(1)}, x_{t/t}^{(2)}, \cdots, x_{t/t}^{(M)} \right]$$

h) 濾波推定値 [式 (7.19)]

$$x_{t/t}^M = \frac{1}{M} \sum_{i=1}^{M} x_{t/t}^{(i)}$$

3) 時間更新ステップ　**Input:** $[X_{t/t}] \to$ **Output:** $[X_{t+1/t}]$

　　a) 予測アンサンブル [式 (7.22)]

$$x_{t+1/t}^{(i)} = f_t(x_{t/t}^{(i)}) + w_t^{(i)}, \qquad i = 1, \cdots, M$$

b) 予測アンサンブル行列

$$X_{t+1/t} = \left[x_{t+1/t}^{(1)}, x_{t+1/t}^{(2)}, \cdots, x_{t+1/t}^{(M)} \right]$$

4) $t \leftarrow t+1$ として，ステップ2)へ戻る．　　　　　　　　　　□

アルゴリズムの中には推定誤差共分散行列の計算は含まれていないが，必要であれば式(7.21)，(7.26)からいつでも計算できる．アルゴリズムの中で共分散行列の計算を必要としないことがEnKFの利点であり，これは状態ベクトルの次元 n が大きいときに効果がある[40]．

7.4　線形システムに対するEnKF

ガウス白色雑音 w_t, v_t を受ける線形システム，すなわち $f_t(x_t) = F_t x_t$ および $h_t(x_t) = H_t x_t$ の場合を考える．また初期値 x_0 は $N(\bar{x}_0, P_0)$ に従うと仮定する．この場合，第3章で述べたカルマンフィルタを用いれば，最適な状態推定値が得られる．以下では，線形確率システムに対してEnKFを適用した場合，アンサンブル数 M を大きくするとEnKFはカルマンフィルタのアルゴリズムに漸近することを示す．証明は3段階で行う．

(i) 観測更新ステップを考えよう．時刻 t において，予測値 $x_{t/t-1}^{(i)}$ と雑音 $v_t^{(i)}$ に関して，$M \to \infty$ のとき

$$x_{t/t-1}^M = \frac{1}{M} \sum_{i=1}^{M} x_{t/t-1}^{(i)} \to \hat{x}_{t/t-1}$$

$$P_{t/t-1}^M = \frac{1}{M-1} \sum_{i=1}^{M} [x_{t/t-1}^{(i)} - x_{t/t-1}^M][x_{t/t-1}^{(i)} - x_{t/t-1}^M]^{\mathrm{T}} \to P_{t/t-1}$$

および

$$v_t^M = \frac{1}{M} \sum_{i=1}^{M} v_t^{(i)} \to 0$$

$$R_t^M = \frac{1}{M-1} \sum_{i=1}^{M} [v_t^{(i)} - v_t^M][v_t^{(i)} - v_t^M]^{\mathrm{T}} \to R_t$$

が成立すると仮定する.

このとき, 式 (7.16) のゲインがカルマンゲインに収束し, かつ式 (7.21) の濾波推定誤差共分散行列がカルマンフィルタの濾波推定誤差共分散行列に収束することを示す. 式 (7.11) [ただし $h_t(x_{t/t-1}^{(i)}) = H_t x_{t/t-1}^{(i)}$] から

$$
\begin{aligned}
y_{t/t-1}^M &= \frac{1}{M} \sum_{i=1}^M y_{t/t-1}^{(i)} = \frac{1}{M} \sum_{i=1}^M H_t x_{t/t-1}^{(i)} + \frac{1}{M} \sum_{i=1}^M v_t^{(i)} \\
&= H_t x_{t/t-1}^M + v_t^M
\end{aligned}
$$

を得る. よって, システム (S_i) の出力の 1 段予測誤差は

$$
\begin{aligned}
\tilde{y}_{t/t-1}^{(i)} &= y_{t/t-1}^{(i)} - y_{t/t-1}^M \\
&= H_t [x_{t/t-1}^{(i)} - x_{t/t-1}^M] + v_t^{(i)} - v_t^M \\
&= H_t \tilde{x}_{t/t-1}^{(i)} + \tilde{v}_t^{(i)}
\end{aligned}
$$

となる. $\tilde{x}_{t/t-1}^{(i)}$ と $\tilde{v}_t^{(i)}$ は無相関であることに注意すると, 仮定から $M \to \infty$ のとき

$$
\begin{aligned}
U_{t/t-1}^M &= \frac{1}{M-1} \tilde{X}_{t/t-1} (\tilde{Y}_{t/t-1})^\mathrm{T} \\
&= \frac{1}{M-1} \tilde{X}_{t/t-1} (\tilde{X}_{t/t-1})^\mathrm{T} H_t^\mathrm{T} + \frac{1}{M-1} \sum_{i=1}^M \tilde{x}_{t/t-1}^{(i)} (\tilde{v}_t^{(i)})^\mathrm{T} \\
&\to P_{t/t-1} H_t^\mathrm{T} + 0
\end{aligned}
$$

が成立する. 同様にして,

$$
\begin{aligned}
V_{t/t-1}^M &= \frac{1}{M-1} \tilde{Y}_{t/t-1} (\tilde{Y}_{t/t-1})^\mathrm{T} \\
&= \frac{1}{M-1} \sum_{i=1}^M [H_t \tilde{x}_{t/t-1}^{(i)} + \tilde{v}_t^{(i)}] [(\tilde{x}_{t/t-1}^{(i)})^\mathrm{T} H_t^\mathrm{T} + \tilde{v}_t^{(i)}]^\mathrm{T} \\
&= H_t \left[\frac{1}{M-1} \tilde{X}_{t/t-1} (\tilde{X}_{t/t-1})^\mathrm{T} \right] H_t^\mathrm{T} + H_t \left[\frac{1}{M-1} \sum_{i=1}^M \tilde{x}_{t/t-1}^{(i)} (\tilde{v}_t^{(i)})^\mathrm{T} \right] \\
&\quad + \left[\frac{1}{M-1} \sum_{i=1}^M \tilde{v}_t^{(i)} (\tilde{x}_{t/t-1}^{(i)})^\mathrm{T} \right] H_t^\mathrm{T} + \frac{1}{M-1} \sum_{i=1}^M \tilde{v}_t^{(i)} (\tilde{v}_t^{(i)})^\mathrm{T}
\end{aligned}
$$

を得る．上式右辺の第 2，3 項は 0 に収束するので，結局

$$V_{t/t-1}^M \to H_t P_{t/t-1} H_t^{\mathrm{T}} + R_t$$

となる．したがって，$M \to \infty$ のとき，ゲインは

$$K_t^M = U_{t/t-1}^M (V_{t/t-1}^M)^{-1} \to P_{t/t-1} H_t^{\mathrm{T}} [H_t P_{t/t-1} H_t^{\mathrm{T}} + R_t]^{-1}$$

となり，K_t^M はカルマンゲインに収束する．

よって，式 (7.17) のアンサンブル平均をとると，仮定から

$$\begin{aligned}
x_{t/t}^M &= \frac{1}{M} \sum_{i=1}^{M} \left(x_{t/t-1}^{(i)} + K_t^M [y_t - y_{t/t-1}^{(i)}] \right) \\
&= x_{t/t-1}^M + K_t^M [y_t - y_{t/t-1}^M] \\
&= x_{t/t-1}^M + K_t^M [y_t - H_t x_{t/t-1}^M + v_t^M] \\
&\to \hat{x}_{t/t-1} + K_t [y_t - H_t \hat{x}_{t/t-1}] = \hat{x}_{t/t}
\end{aligned}$$

が成立する．すなわち，$M \to \infty$ のとき，アンサンブルフィルタの濾波推定値はカルマンフィルタの濾波推定値と一致する．また濾波推定誤差は

$$\begin{aligned}
\tilde{x}_{t/t}^{(i)} &= x_{t/t}^{(i)} - x_{t/t}^M \\
&= x_{t/t-1}^{(i)} + K_t^M [y_t - y_{t/t-1}^{(i)}] - x_{t/t-1}^M - K_t^M [y_t - y_{t/t-1}^M] \\
&= x_{t/t-1}^{(i)} - x_{t/t-1}^M - K_t^M [y_{t/t-1}^{(i)} - y_{t/t-1}^M] \\
&= \tilde{x}_{t/t-1}^{(i)} - K_t^M \tilde{y}_{t/t-1}^{(i)}
\end{aligned}$$

となる．よって，$\tilde{X}_{t/t} = \tilde{X}_{t/t-1} - K_t^M \tilde{Y}_{t/t-1}$ が成立する．したがって，濾波推定誤差共分散行列についても，式 (7.14)〜(7.16) を用いて，

$$\begin{aligned}
P_{t/t}^M &= \frac{1}{M-1} \tilde{X}_{t/t} (\tilde{X}_{t/t})^{\mathrm{T}} \\
&= \frac{1}{M-1} [\tilde{X}_{t/t-1} - K_t^M \tilde{Y}_{t/t-1}][\tilde{X}_{t/t-1} - K_t^M \tilde{Y}_{t/t-1}]^{\mathrm{T}} \\
&= \frac{1}{M-1} \tilde{X}_{t/t-1} (\tilde{X}_{t/t-1})^{\mathrm{T}} - K_t^M (U_{t/t-1}^M)^{\mathrm{T}} \\
&\to P_{t/t-1} - K_t H_t P_{t/t-1} = P_{t/t}
\end{aligned}$$

となるので,$M \to \infty$ のとき $P_{t/t}^M$ もカルマンフィルタの濾波推定誤差共分散行列に漸近する.以上によって,$M \to \infty$ のとき,EnKF の観測更新ステップはカルマンフィルタの観測更新ステップと同じものに漸近することが示された.

(ii) つぎに時間更新ステップを考える.時刻 t において,推定値 $x_{t/t}^{(i)}$ と雑音 $w_t^{(i)}$ に関して,$M \to \infty$ のとき

$$x_{t/t}^M = \frac{1}{M} \sum_{i=1}^{M} x_{t/t}^{(i)} \to \hat{x}_{t/t}$$

$$P_{t/t}^M = \frac{1}{M-1} \sum_{i=1}^{M} [x_{t/t}^{(i)} - x_{t/t}^M][x_{t/t}^{(i)} - x_{t/t}^M]^{\mathrm{T}} \to P_{t/t}$$

および

$$w_t^M = \frac{1}{M} \sum_{i=1}^{M} w_t^{(i)} \to 0$$

$$Q_t^M = \frac{1}{M-1} \sum_{i=1}^{M} [w_t^{(i)} - w_t^M][w_t^{(i)} - w_t^M]^{\mathrm{T}} \to Q_t$$

が成立すると仮定する.このとき,式 (7.22) [ただし $f_t(x_{t/t}^{(i)}) = F_t x_{t/t}^{(i)}$] および式 (7.24) から 1 段予測推定値

$$x_{t+1/t}^M = \frac{1}{M} \sum_{i=1}^{M} F_t x_{t/t}^{(i)} + \frac{1}{M} \sum_{i=1}^{M} w_t^{(i)} = F_t x_{t/t}^M + w_t^M$$

$$\to \hat{x}_{t+1/t} = F_t \hat{x}_{t/t}$$

を得る.すなわち,仮定から $M \to \infty$ のとき,$x_{t+1/t}^M$ はカルマンフィルタの予測推定値に漸近する.また 1 段予測誤差は

$$\tilde{x}_{t+1/t}^{(i)} = x_{t+1/t}^{(i)} - x_{t+1/t}^M = F_t(x_{t/t}^{(i)} - x_{t/t}^M) + w_t^{(i)} - w_t^M$$
$$= F_t \tilde{x}_{t/t}^{(i)} + \tilde{w}_t^{(i)}$$

となるので,仮定から予測誤差共分散行列は

$$P_{t+1/t}^M = \frac{1}{M-1}\tilde{X}_{t+1/t}\tilde{X}_{t+1/t}^{\mathrm{T}}$$
$$= \frac{1}{M-1}F_t\tilde{X}_{t/t}\tilde{X}_{t/t}^{\mathrm{T}}F_t^{\mathrm{T}} + \frac{1}{M-1}\sum_{i=1}^{M}\tilde{w}_t^{(i)}(\tilde{w}_t^{(i)})^{\mathrm{T}}$$
$$+ \frac{1}{M-1}\sum_{i=1}^{M}F_t\tilde{x}_{t/t}^{(i)}(\tilde{w}_t^{(i)})^{\mathrm{T}} + \frac{1}{M-1}\sum_{i=1}^{M}\tilde{w}_t^{(i)}(\tilde{x}_{t/t}^{(i)})^{\mathrm{T}}F_t^{\mathrm{T}}$$

となる.ここで,$\tilde{x}_{t/t}^{(i)}$ と $\tilde{w}_t^{(i)}$ が無相関であることから,

$$P_{t+1/t}^M = F_t P_{t/t}^M F_t^{\mathrm{T}} + Q_t^M \ \to\ F_t P_{t/t} F_t^{\mathrm{T}} + Q_t = P_{t+1/t}$$

が成立する.すなわち,予測誤差共分散行列も $M \to \infty$ のときカルマンフィルタの予測誤差共分散行列に漸近する.

(iii) 最後に,初期アンサンブル $X_{0/-1} = [x_{0/-1}^{(1)},\cdots,x_{0/-1}^{(M)}]$ を $N(\bar{x}_0, P_0)$ からランダムに生成し,$M \to \infty$ のとき

$$x_{0/-1}^M = \frac{1}{M}\sum_{i=1}^{M}x_{0/-1}^{(i)} \ \to\ \bar{x}_0$$
$$P_{0/-1}^M = \frac{1}{M-1}\sum_{i=1}^{M}[x_{0/-1}^{(i)} - x_{0/-1}^M][x_{0/-1}^{(i)} - x_{0/-1}^M]^{\mathrm{T}} \ \to\ P_0$$

が成立すると仮定する.このとき,(i),(ii) で証明したことから,$M \to \infty$ のとき EnKF アルゴリズムはカルマンフィルタのアルゴリズムに漸近することがわかる.

次節では,2つのシミュレーション結果を紹介する.

7.5 数 値 例

本節では,リミットサイクルを発生する2次元非線形モデルおよび1次元熱伝導モデルを離散化した99次元の線形モデルに対する推定結果を紹介する.EnKFの特徴である大規模非線形システムへの応用については文献[40,70,87] などを参照されたい.

7.5.1 Van der Pol モデル

リミットサイクルを発生する Van der Pol モデル

$$\frac{dx_1(t)}{dt} = x_2(t) + w_1(t)$$
$$\frac{dx_2(t)}{dt} = \varepsilon(1 - x_1^2(t))x_2(t) - x_1(t) + w_2(t)$$

について考察する[43]. ここに, $x_1(t)$ は回路の電圧, $\varepsilon = 1.0$ は未知定数である. また $w_1(t) \sim N(0, q_1)$, $w_2(t) \sim N(0, q_2)$ は白色雑音であり, 初期条件とは独立であるとする. オイラー法によって上式を離散化すると,

$$\begin{bmatrix} x_{1,t+1} \\ x_{2,t+1} \end{bmatrix} = \begin{bmatrix} x_{1,t} + \Delta t\, x_{2,t} \\ x_{2,t} + \Delta t(\varepsilon(1 - x_{1,t}^2)x_{2,t} - x_{1,t}) \end{bmatrix} + \sqrt{\Delta t} \begin{bmatrix} w_{1,t} \\ w_{2,t} \end{bmatrix}$$

となる. パラメータ ε も同時に推定するために, $x_{3,t} = \varepsilon$ とおくと, 3次元拡大状態ベクトル $x_t = [x_{1,t}\ x_{2,t}\ x_{3,t}]^T$ を得る. さらに, 2番目の状態変数 $x_{2,t}$ が観測されると仮定すると,

$$y_t = H x_t + v_t, \qquad H = [0\ 1\ 0] \tag{7.27}$$

を得る. ただし, $v_t \sim N(0, R_t)$ は白色雑音である.

サンプリング間隔を $\Delta t = 0.1$, 拡大システムの雑音の共分散行列を

$$Q_t = \mathrm{diag}[0.026\ \ 0.01\ \ 10^{-5}], \qquad R_t = 0.01$$

とし, また初期値 x_0 および推定値の初期値と共分散行列を

$$x_0 = \begin{bmatrix} 0.2 \\ 0.1 \\ 1 \end{bmatrix}, \quad \hat{x}_{0/-1} = \begin{bmatrix} 0 \\ 0 \\ 0 \end{bmatrix}, \quad P_{0/-1} = \begin{bmatrix} 0.5 & 0 & 0 \\ 0 & 0.5 & 0 \\ 0 & 0 & 0.5 \end{bmatrix}$$

と仮定する. EnKF におけるアンサンブル数を $M = 50$ および $M = 100$ として, フィルタの性能は濾波推定誤差

$$E_t = \sqrt{(x_{1,t} - \hat{x}_{1,t/t})^2 + (x_{2,t} - \hat{x}_{2,t/t})^2}$$

7.5 数値例

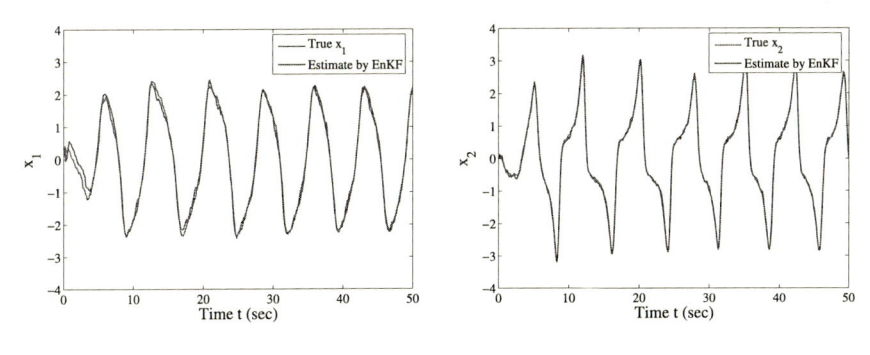

図 7.2 $x_{1,t}$ とその推定値 $\hat{x}_{1,t/t}$ (左), $x_{2,t}$ とその推定値 $\hat{x}_{2,t/t}$ (右)

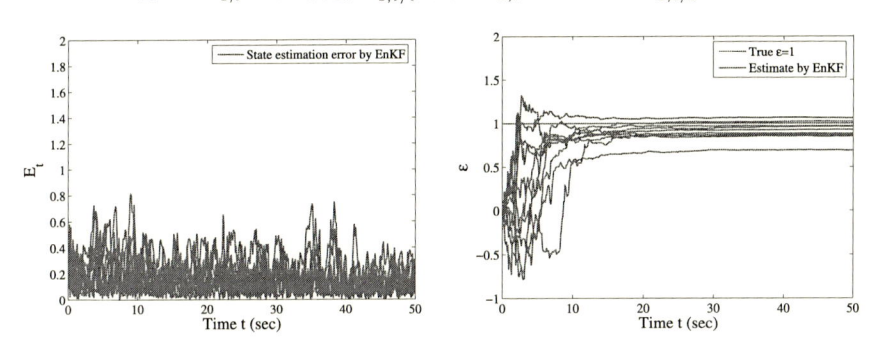

図 7.3 EnKF による推定 ($M = 50$). 推定誤差 E_t (左), パラメータ ε の推定 (右)

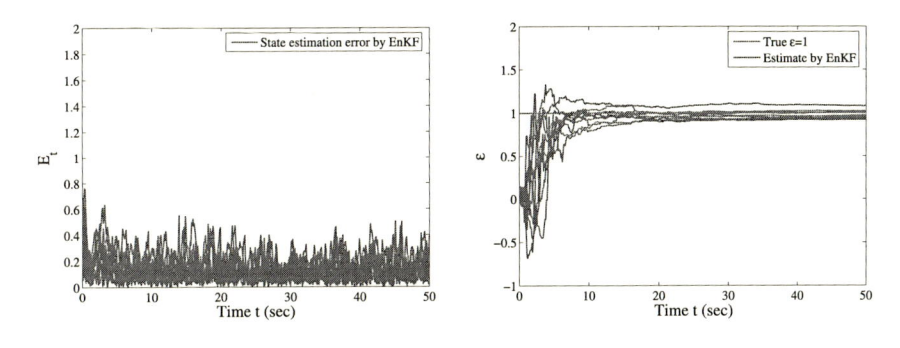

図 7.4 EnKF による推定 ($M = 100$). 推定誤差 E_t (左), パラメータ ε の推定 (右)

によって評価した.

図 7.2 はアンサンブル数を $M = 100$ とした場合の EnKF による推定値を真

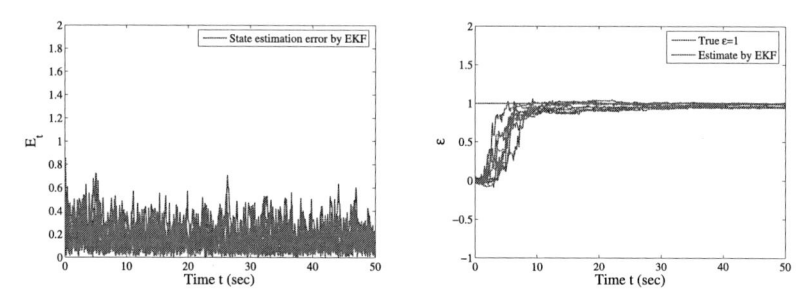

図 7.5 EKF による推定. 推定誤差 E_t (左), パラメータ ε の推定 (右)

の状態とともに示した.図 7.3, 7.4 はそれぞれ $M=50$ および $M=100$ の場合に対して,モンテカルロ・シミュレーションによる濾波推定誤差とパラメータ ε の推定結果の 10 回分を重ねてプロットしたものである.これらの図から $M=50$ の場合よりサンプル数を多くした $M=100$ の方が状態推定およびパラメータ推定においてよりよい結果を与えていることがわかる.また図 7.5 は比較のために,EKF による濾波推定誤差とパラメータ ε の推定結果の 10 回分を同様に重ねてプロットしたものである.これらの結果を見ると状態推定に関しては $M=100$ の場合の EnKF による結果が最も優れているが,パラメータ ε の推定結果は EKF の方が精度良くなっている.

7.5.2 1 次元熱伝導モデル

高次元の線形確率システムに EnKF を適用して,アンサンブル数 M と推定精度について考察する.そのために,長さ L の細長い棒において,熱が棒に沿って 1 次元方向に流れる 1 次元熱伝導モデルを考える.問題の 1 次元方向を ρ 軸として,時刻 t および位置 $\rho\,(0 \leq \rho \leq L)$ における棒の温度を $x(t,\rho)$ とおくと,つぎの 1 次元熱伝導モデルを得る.

$$\frac{\partial x(t,\rho)}{\partial t} = \alpha \frac{\partial^2 x(t,\rho)}{\partial \rho^2} + u(t,\rho) + w(t,\rho) \tag{7.28}$$

ただし,α は熱伝導係数,$u(t,\rho)$ は外部入力(熱源),$w(t,\rho)$ は平均値 0 の白色ガウス雑音であり,共分散は $E\{w(t,\rho)w(t',\rho')\} = q\delta_{tt'}\delta_{\rho\rho'}, q \geq 0$ であるとする.また両端における境界条件,および $t=0$ における初期条件は

$$x(t,0) = x(t,L) = \bar{x}, \qquad x(0,\rho) = \phi(\rho), \quad 0 \leq \rho \leq L$$

7.5 数 値 例

であり,さらに $\phi(0) = \phi(L) = \bar{x}$ が成立する.

時間および空間の差分幅をそれぞれ Δt および $\Delta \rho = L/(n+1)$ と定義し,格子点 $t_k = k\Delta t$, $\rho_j = j\Delta \rho$ における温度を $x_k(j) := x(t_k, \rho_j)$, 外部入力を $u_k(j) := u(t_k, \rho_j)$, 白色雑音を $w_k(j) := w(t_k, \rho_j)$ とおく.ただし,$j = 1, \cdots, n$, $k = 0, 1, \cdots$ である.ここでは,サンプル時刻を k で表していることに注意されたい.

時間について前進差分,空間について中心差分を用いると,式 (7.28) から

$$x_{k+1}(j) = x_k(j) + \frac{\alpha \Delta t}{(\Delta \rho)^2}\left[x_k(j+1) - 2x_k(j) + x_k(j-1)\right] \\ + \Delta t\, u_k(j) + \sqrt{\Delta t}\, w_k(j)$$

を得る.ただし,境界条件,および初期条件は

$$x_k(0) = x_k(n+1) = \bar{x}, \qquad x_0(j) = \phi(\rho_j), \quad j = 1, \cdots, n$$

で与えられる.

ここで,$n = 99$ として,状態ベクトル $\boldsymbol{x}_k = [x_k(1) \ \cdots \ x_k(99)]^\mathrm{T}$ を定義すると,上の差分方程式から状態空間モデル

$$\boldsymbol{x}_{k+1} = F\boldsymbol{x}_k + \boldsymbol{d} + \Delta t\, \boldsymbol{u}_k + \sqrt{\Delta t}\, \boldsymbol{w}_k \tag{7.29}$$

を得る.ただし,F は 3 重対角行列

$$F = \begin{bmatrix} 1-2\lambda & \lambda & & & \\ \lambda & 1-2\lambda & \lambda & & \\ & \ddots & \ddots & \ddots & \\ & & \lambda & 1-2\lambda & \lambda \\ & & & \lambda & 1-2\lambda \end{bmatrix} \in \mathbb{R}^{99 \times 99}$$

であり,$\lambda = \alpha \Delta t/(\Delta \rho)^2$ とおいた.また,境界条件に依存する定数ベクトルは $\boldsymbol{d} = [\lambda \bar{x}\ 0\ \cdots\ 0\ \lambda \bar{x}]^\mathrm{T}$ であり,外部入力 $\boldsymbol{u}_k$ は

$$\boldsymbol{u}_k = \begin{bmatrix} \vdots \\ b_1(1+\sin(2\pi f_1 k)) \\ \vdots \\ b_2(1+\sin(2\pi f_2 k)) \\ \vdots \end{bmatrix} \begin{matrix} \\ \leftarrow j=33 \\ \\ \leftarrow j=67 \\ \end{matrix}$$

であるとする．ただし，$f_1 = f_2 = 1/1000$，$b_1 = b_2 = 5$ とする．また，雑音 $\boldsymbol{w}_k \in \mathbb{R}^{99}$ は平均値 0，共分散行列 $Q = 10^{-3}I_{99}$ の白色雑音である．さらに，観測点を $\rho_j, j = 10, 20, \cdots, 90$ の 9 個の点とすると，観測方程式は

$$\boldsymbol{y}_k = H\boldsymbol{x}_k + \boldsymbol{v}_k \tag{7.30}$$

となる．ただし，観測行列は

$$H = \begin{bmatrix} e_{10}^{\mathrm{T}} \\ e_{20}^{\mathrm{T}} \\ \vdots \\ e_{90}^{\mathrm{T}} \end{bmatrix} \in \mathbb{R}^{9 \times 99}, \qquad e_j = \begin{bmatrix} \vdots \\ 1 \\ \vdots \end{bmatrix} \leftarrow j$$

である．また観測雑音は $\boldsymbol{v}_k \sim N(0, 0.1I_9)$ とする．

シミュレーションのために，$L = 100$ とおくと $\Delta\rho = 1$，さらに $\Delta t = 0.1$，$\alpha = 2.5$ とおくと $\lambda = 0.25$ を得る．この場合，F の固有値は 0 と 1 の間に分布するが，0.99 以上の 1 に非常に近い固有値が 6 個存在する．初期条件と境界条件は簡単のために，$\bar{x} = 30°\mathrm{C}$，$\phi(\rho_j) = 30°\mathrm{C}$，$j = 1, \cdots, 99$ と仮定する．

フィルタの性能は 30 回のモンテカルロ・シミュレーションを行い，点 ρ_{40} における濾波推定誤差のサンプル平均

$$E_k = \frac{1}{30} \sum_{l=1}^{30} \left[x_k^{(l)}(40) - \hat{x}_{k/k}^{(l)}(40) \right]^2, \qquad k = 0, 1, \cdots, 1000 \tag{7.31}$$

によって評価する．まず評価の基準として，カルマンフィルタによる最適推定を行った．推定誤差分散行列の初期値を $P_{0/-1} = 1.0I_{99}$ とおいて，$\boldsymbol{x}_0$ の各成分に分散 1 の独立な白色雑音を加えたものを予測推定値の初期値とした．

7.5 数 値 例

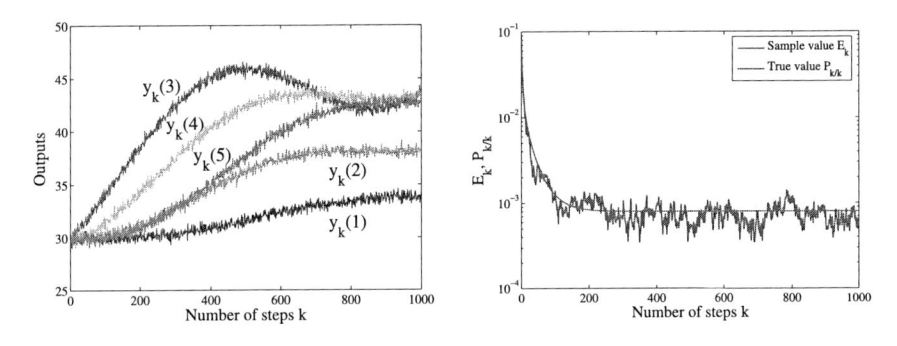

図 7.6 カルマンフィルタによる状態推定. 出力 $y_k(1), \cdots, y_k(5)$ (左), 状態推定誤差 E_k と理論値 $P_{k/k}$ (右)

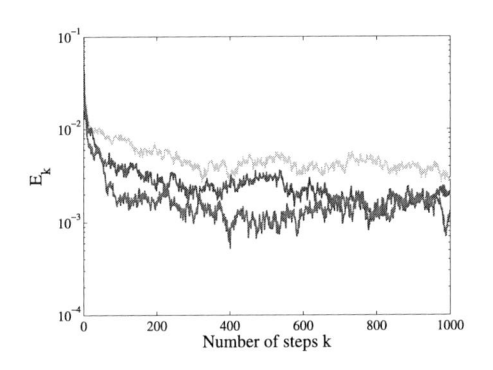

図 7.7 EnKF による状態推定誤差 E_k (上から順に $M = 100, 200, 500$)

図 7.6 (左) には 1 次元熱伝導モデルのシミュレーションにより得られた出力 $y_k(1), \cdots, y_k(5)$ の変化, 図 7.6 (右) には式 (7.31) の濾波推定誤差分散 $E_k, k = 0, 1, \cdots, 1000$ を示している. 滑らかな実線は理論値 $P_{k/k}(40)$ (リカッチ方程式の解) であり, 推定結果はほぼ理論通りとなった. 図 7.6 を得るための計算時間はノートパソコン (2.53GHz) で約 100 (sec) であった.

図 7.7 は粒子数を $M = 100, 200, 500$ と変化させた場合の EnKF による E_k の時間変化を示している. 計算時間は順に約 100, 220, 560 (sec) を要した. 図 7.6 (右) の理論値 $P_{\infty/\infty} = 0.8022 \times 10^{-3}$ と比較すると, 粒子数 $M = 500$ においてようやく理論的な下限に少し近づいている. このモデルの状態ベクトルの次元は $n = 99$ であり, アンサンブル数 $M = 100$ ではその推定性能はまだ

下限値とはかなり離れている．もちろん，問題によって必要なアンサンブル数 M は異なるので，その適切な選択にはシミュレーションによる確認が不可欠である．

7.6 ノ ー ト

- EnKFは気象予測の分野で考案された大規模システムに対するデータ同化，すなわち状態ベクトルおよび未知パラメータの同時推定アルゴリズムである．EnKFについては，Evensen[40,41]，Lakshmivarahan他[70] など非常に多くの文献があるが，システム制御分野でその存在が知られ注目されるようになったのは比較的最近である[43,63,87]．
- 7.2節では，EnKFのアイデアと概要を述べ，観測更新アルゴリズムおよび時間更新アルゴリズムを導いた．本節では主として中村他[15]，Gillijns他[43]，Evensen[41] を参照した．7.3節では，Gillijns他[43] に従ってアルゴリズムをまとめた．EnKFのカルマンゲインはアンサンブルの状態値から計算されるので，リカッチ方程式を必要としないのが特徴である．7.4節では，線形確率システムの場合，アンサンブル数 M が大きくなると，EnKFの推定値はカルマンフィルタの推定値に漸近することを示した[15]．
- 7.5節ではGillijns他[43] を参考にして作成した数値例を紹介した．1次元熱伝導モデルを離散近似して得られた次元 $n = 99$ の線形モデルの推定では，アンサンブル数を $M = 500$ にすることで，理論値に近い推定結果が得られた．気象学における具体的な例では，アンサンブル数が $50 \sim 100$ で十分であるとする報告もある[40]．しかし，筆者にはこれ以上の経験がないため，アンサンブル数と計算負荷の問題は文献[40,87] などを参照して頂きたい．
- EnKFは次章で述べる粒子フィルタPFと非常に類似したフィルタリングの方法である．EnKFのアルゴリズムは（サンプルから計算した）カルマンゲインを用いるが，PFはリサンプリングを利用してカルマンゲインを用いないのが両者の違いである．

8

粒子フィルタ

粒子フィルタ PF は観測データに基づく状態ベクトルの条件つき確率分布を多数の粒子で近似的に表現して，ベイズの定理を応用してその時間推移を数値的に評価するものである．本章では，リサンプリングを用いた最も基本的な PF のアルゴリズムを紹介する．また，リサンプリングを用いないガウシアン粒子フィルタ GPF についても簡単に述べる．

8.1 非線形確率システム

つぎの一般的な離散時間確率システムについて考える．

$$x_{t+1} = f_t(x_t, w_t) \tag{8.1}$$

$$y_t = h_t(x_t, v_t) \tag{8.2}$$

ただし，$x_t \in \mathbb{R}^n$ は状態ベクトル，$y_t \in \mathbb{R}^p$ は観測ベクトル，$w_t \in \mathbb{R}^m$ はシステム雑音，$v_t \in \mathbb{R}^p$ は観測雑音である．w_t, v_t は平均値 0 の互いに無相関な白色雑音であり，かつ雑音は初期状態ベクトル x_0 とは無相関であるとする．さらに雑音の分布は一般に非ガウス分布であり

$$w_t \sim p(w_t), \quad v_t \sim p(v_t), \quad x_0 \sim p(x_0) \tag{8.3}$$

で与えられるとする[*1]．また $f_t(x_t, w_t)$ および $h_t(x_t, v_t)$ は n 次元および p 次元非線形ベクトル関数であり，雑音は状態ベクトル x_t に対して必ずしも加法的であるとは限らないとする．

[*1] 雑音の分布を $q(w_t)$, $r(v_t)$ と表す場合もある．

8.2 条件つき確率密度関数の時間推移

2.2 節で述べたように,観測データ $Y^t = \{y_0, y_1, \cdots, y_t\}$ に基づく状態ベクトル x_t の最小分散推定値は条件つき期待値

$$\hat{x}_{t/t} = E\{x_t \mid Y^t\} = \int_{\mathbb{R}^n} x_t p(x_t \mid Y^t) dx_t$$

で与えられる.ここに $p(x_t \mid Y^t)$ は Y^t に基づく x_t の条件つき確率密度関数である.条件つき確率密度関数 $p(x_t \mid Y^{t-1})$, $p(x_t \mid Y^t)$, $p(x_{t+1} \mid Y^t)$ の関係を与える命題を再掲する.

命題 8.1. 条件つき確率密度関数の観測更新および時間更新アルゴリズムは以下のようになる.
 (i) 観測更新ステップ

$$p(x_t \mid Y^t) = \frac{p(y_t \mid x_t) p(x_t \mid Y^{t-1})}{p(y_t \mid Y^{t-1})} \tag{8.4}$$

 (ii) 時間更新ステップ

$$p(x_{t+1} \mid Y^t) = \int_{\mathbb{R}^n} p(x_{t+1} \mid x_t) p(x_t \mid Y^t) dx_t \tag{8.5}$$

証明 3.3 節の命題 3.1 の証明参照. □

8.3 粒子フィルタ: PF

PF の基本的な考え方は,事後確率分布をその分布から独立にサンプルされた多数の粒子によって近似的に表現することである.EnKF の場合と同じように,分布を近似する粒子の集まりをアンサンブルという.

以下では,1 段予測確率密度関数 $p(x_t \mid Y^{t-1})$ およびフィルタ確率密度関数 $p(x_t \mid Y^t)$ を近似する M 個の粒子からなるアンサンブルをそれぞれ

$$X_{t/t-1} = \left[x_{t/t-1}^{(1)}, x_{t/t-1}^{(2)}, \cdots, x_{t/t-1}^{(M)} \right]$$

および

$$X_{t/t} = \left[x_{t/t}^{(1)}, x_{t/t}^{(2)}, \cdots, x_{t/t}^{(M)} \right]$$

とおく．このことは，2つの事後確率密度関数が

$$p(x_t \mid Y^{t-1}) \simeq \frac{1}{M} \sum_{i=1}^{M} \delta(x_t - x_{t/t-1}^{(i)}) \tag{8.6}$$

$$p(x_t \mid Y^t) \simeq \frac{1}{M} \sum_{i=1}^{M} \delta(x_t - x_{t/t}^{(i)}) \tag{8.7}$$

のように近似されていることに相当する．ただし，$\delta(x), x \in \mathbb{R}^n$ はディラックのデルタ関数であり，以下の性質がある．

(i) $\quad \int_{\mathbb{R}^n} \delta(x)dx = 1; \quad \delta(x) = 0, \quad x \neq 0$

(ii) $\quad \int_{\mathbb{R}^n} g(x)\delta(x-a)dx = g(a), \quad g(x):$ 連続関数

式 (8.6)，(8.7) において，デルタ関数による事後確率密度関数の近似における重みがすべて等しく $1/M$ となっていることに注意されたい．粒子フィルタはアンサンブルの時間的な推移 $X_{t/t-1} \to X_{t/t} \to X_{t+1/t}$ をモンテカルロ法によって数値的に計算するアルゴリズムである．言い換えると，PF は初期分布に対応するアンサンブルを与え，システム雑音のサンプルによってアンサンブルを推移させる時間更新ステップ，およびリサンプリングによる観測更新ステップを繰り返すことにより，非線形確率システムのフィルタリング問題を数値的に解くことができる．

8.3.1 時間更新ステップ

雑音 w_t を考慮して式 (8.5) を変形すると，

$$p(x_{t+1} \mid Y^t) = \int \left(\int p(x_{t+1}, w_t \mid x_t)dw_t \right) p(x_t \mid Y^t)dx_t$$

となる.ただし,x_t および w_t の積分範囲はそれぞれ $\mathbb{R}^n$ および $\mathbb{R}^m$ であるが,省略する.$p(x_{t+1}, w_t \mid x_t) = p(x_{t+1} \mid x_t, w_t)p(w_t \mid x_t)$ であるから,

$$p(x_{t+1} \mid Y^t) = \int \left(\int p(x_{t+1} \mid x_t, w_t)p(w_t \mid x_t)dw_t \right) p(x_t \mid Y^t)dx_t$$
$$= \int\int p(x_{t+1} \mid x_t, w_t)p(x_t \mid Y^t)p(w_t)dx_t dw_t \qquad (8.8)$$

となる.ここで,条件つき結合確率分布 $p(x_t, w_t \mid Y^t) = p(x_t \mid Y^t)p(w_t)$ に従う M 個の独立なサンプルの組を $(x_{t/t}^{(i)}, w_t^{(i)})$, $i = 1, \cdots, M$ とする.すなわち,結合確率分布を以下のように近似する[*1].

$$p(x_t \mid Y^t)p(w_t) \simeq \frac{1}{M} \sum_{i=1}^{M} \delta(x_t - \hat{x}_{t/t}^{(i)}) \delta(w_t - w_t^{(i)}) \qquad (8.9)$$

ここで,式 (8.9) を式 (8.8) に代入すると,デルタ関数の性質 (ii) から

$$p(x_{t+1} \mid Y^t) \simeq \int\int p(x_{t+1} \mid x_t, w_t) \frac{1}{M} \sum_{i=1}^{M} \delta(x_t - x_{t/t}^{(i)}) \delta(w_t - w_t^{(i)}) dx_t dw_t$$
$$= \frac{1}{M} \sum_{i=1}^{M} p(x_{t+1} \mid x_{t/t}^{(i)}, w_t^{(i)})$$

を得る.式 (8.1) において,x_t と w_t が与えられると x_{t+1} は確定するので,

$$p(x_{t+1} \mid Y^t) \simeq \frac{1}{M} \sum_{i=1}^{M} \delta(x_{t+1} - f_t(x_{t/t}^{(i)}, w_t^{(i)}))$$

となる.ここで,

$$x_{t+1/t}^{(i)} = f_t(x_{t/t}^{(i)}, w_t^{(i)}), \qquad i = 1, \cdots, M \qquad (8.10)$$

とおくと,

$$p(x_{t+1} \mid Y^t) \simeq \frac{1}{M} \sum_{i=1}^{M} \delta(x_{t+1} - x_{t+1/t}^{(i)}) \qquad (8.11)$$

[*1] 複数の粒子 $w_t^{(j)}, j = 1, \cdots, J$ を用いて,式 (8.9) をつぎのように変更することができる.
$$p(x_t \mid Y^t)p(w_t) \simeq \frac{1}{MJ} \sum_{i=1}^{M} \sum_{j=1}^{J} \delta(x_t - \hat{x}_{t/t}^{(i)}) \delta(w_t - w_t^{(j)})$$

を得る.したがって,式 (8.10),(8.11) から,

$$X_{t+1/t} = \left[x_{t+1/t}^{(1)}, x_{t+1/t}^{(2)}, \cdots, x_{t+1/t}^{(M)}\right] \tag{8.12}$$

は事後確率密度関数 $p(x_{t+1} \mid Y^t)$ から独立にサンプルされた M 個のアンサンブルと考えられる.式 (8.10),(8.12) と式 (7.22),(7.23) をそれぞれ比較すると,PF の時間更新ステップは EnKF の場合と同じであることがわかる.

8.3.2　観測更新ステップ

さて,[式 (8.11) で $t := t-1$ とおいた] 事後確率密度関数 $p(x_t \mid Y^{t-1})$ を近似する M 個の粒子 $X_{t/t-1}$ が与えられたとする.この事後確率密度関数に対応する経験分布(empirical distribution)は

$$F_{t/t-1}(x) \simeq \frac{1}{M} \sum_{i=1}^{M} I(x - x_{t/t-1}^{(i)}) \tag{8.13}$$

となる.ただし,$I(\cdot)$ は単位ステップ関数であり,

$$I(x - a) = \begin{cases} 1, & x \geq a \\ 0, & その他 \end{cases}$$

で定義される[*1].すなわち,式 (8.13) の右辺は図 8.1 に示すように単位ステップ関数の和となっている(多次元の場合には,このような単純な図を描くことは不可能である).

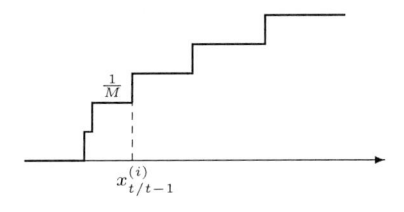

図 8.1　式 (8.13) の分布関数 ($n = 1$)(ジャンプの大きさはすべて $1/M$)

[*1] $x \geq a$ はすべての成分に対して $x_i \geq a_i$,$i = 1, \cdots, n$ となることを意味する.

ここで新しく観測値 y_t が得られたとする．$Y^t = \{Y^{t-1}, y_t\}$ となるので，事後確率密度関数 $p(x_t \mid Y^t)$ は式 (8.4) から

$$p(x_t \mid Y^t) = \frac{p(y_t \mid x_t) p(x_t \mid Y^{t-1})}{\int p(y_t \mid x_t) p(x_t \mid Y^{t-1}) dx_t} \tag{8.14}$$

となる．式 (8.14) 右辺の分母を C_t とおき，$p(x_t \mid Y^{t-1})$ を式 (8.6) で置き換えて，デルタ関数の性質 (ii) を用いると，

$$C_t \simeq \int p(y_t \mid x_t) \frac{1}{M} \sum_{i=1}^{M} \delta(x_t - x_{t/t-1}^{(i)}) dx_t = \frac{1}{M} \sum_{i=1}^{M} \alpha_t^{(i)}$$

を得る．ただし，

$$\alpha_t^{(i)} = p(y_t \mid x_t = x_{t/t-1}^{(i)}), \qquad i = 1, \cdots, M \tag{8.15}$$

は $x_t = x_{t/t-1}^{(i)}$ が与えられたときの y_t の条件つき確率密度関数であり，式 (8.2) と v_t の確率密度関数 $p(v_t)$ から計算できる．これは観測値 y_t が与えられた場合の状態ベクトル $x_t = x_{t/t-1}^{(i)}$ の尤度である．

このとき，式 (8.14) は

$$p(x_t \mid Y^t) \simeq p(y_t \mid x_t) \frac{1}{C_t M} \sum_{i=1}^{M} \delta(x_t - x_{t/t-1}^{(i)})$$

となる．上式から，

$$\begin{aligned} P(x_t = x_{t/t-1}^{(i)} \mid Y^t) &\simeq \frac{1}{C_t M} p(y_t \mid x_t = x_{t/t-1}^{(i)}) \\ &= \frac{\alpha_t^{(i)}}{\sum_{j=1}^{M} \alpha_t^{(j)}} = \tilde{\alpha}_t^{(i)}, \qquad i = 1, \cdots, M \end{aligned} \tag{8.16}$$

を得る．

例 8.1. スカラーの観測方程式

$$y_t = h(x_t) + v_t, \qquad v_t \sim N(0, r)$$

を考えよう．この場合には，$x_{t/t-1}^{(i)}$ の尤度は

$$\alpha_t^{(i)} = \frac{1}{\sqrt{2\pi r}} e^{-\frac{1}{2r}(y_t - h(x_{t/t-1}^{(i)}))^2}, \qquad i = 1, \cdots, M$$

となるので，式 (8.16) から

$$\tilde{\alpha}_t^{(i)} = \frac{e^{-\frac{1}{2r}(y_t - h(x_{t/t-1}^{(i)}))^2}}{\sum_{j=1}^{M} e^{-\frac{1}{2r}(y_t - h(x_{t/t-1}^{(j)}))^2}}, \qquad i = 1, \cdots, M$$

を得る．この確率 $\tilde{\alpha}_t^{(i)}, i = 1, \cdots, M$ が事後確率密度関数 $p(x_t \mid Y^t)$ を近似するものとなっている． □

式 (8.16) は Y^t に基づく粒子 $x_{t/t-1}^{(i)}$ の事後確率分布であり，$\tilde{\alpha}_t^{(i)}$ は粒子 $x_{t/t-1}^{(i)}$ の条件つき確率を与える．よって，式 (8.16) に対応する経験分布は

$$F_{t/t}(x) \simeq \sum_{i=1}^{M} \tilde{\alpha}_t^{(i)} I(x - x_{t/t-1}^{(i)}) \tag{8.17}$$

となる．これは図 8.2 に示すように，点 $x_{t/t-1}^{(i)}, i = 1, \ldots, M$ において大きさ $\tilde{\alpha}_t^{(i)}, i = 1, \ldots, M$ のジャンプをする右上がりの階段関数である．

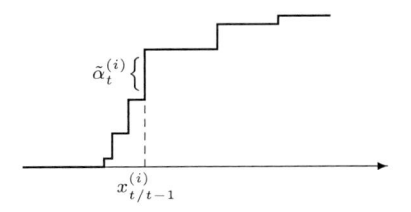

図 8.2 式 (8.17) の分布関数 ($n = 1$)

以上で事後確率分布の近似式が求まったわけであるが，これをつぎのステップの時間更新式に用いるためには，式 (8.17) の分布を式 (8.13) と同様に等確率の粒子 $x_{t/t}^{(i)}, i = 1, \ldots, M$ を用いて

$$F_{t/t}(x) \simeq \frac{1}{M} \sum_{i=1}^{M} I(x - x_{t/t}^{(i)}) \tag{8.18}$$

のように近似し直す必要がある．すなわち，図 8.2 のような分布関数を図 8.1 と同様にジャンプの大きさがすべて $1/M$ である分布関数で置き換えなければならない．リサンプリング（resampling）によって，この置き換えを実行するのが粒子フィルタ PF であり，EnKF との違いはこのリサンプリングにある．

8.4　リサンプリング

上述のように，式 (8.17) から式 (8.18) を導くには，粒子 $x_{t/t-1}^{(i)}$ を確率 $\tilde{\alpha}_t^{(i)}$ でリサンプリングすればよい．すなわち，新しい粒子

$$X_{t/t} = \left[x_{t/t}^{(1)}, x_{t/t}^{(2)}, \cdots, x_{t/t}^{(M)}\right]$$

を求めるには，アンサンブル $X_{t/t-1} = \left[x_{t/t-1}^{(1)}, \cdots, x_{t/t-1}^{(M)}\right]$ からの復元抽出を用いる．言い換えると，各 $j = 1, \cdots, M$ に対して，粒子 $x_{t/t}^{(j)}$ を

$$x_{t/t}^{(j)} = \begin{cases} x_{t/t-1}^{(1)}, & \text{確率 } \tilde{\alpha}_t^{(1)} \\ \vdots & \vdots \\ x_{t/t-1}^{(M)}, & \text{確率 } \tilde{\alpha}_t^{(M)} \end{cases} \tag{8.19}$$

によって定義すると，これは重みつき確率測度から一様確率測度への変換

$$\begin{pmatrix} x_{t/t-1}^{(1)} & \cdots & x_{t/t-1}^{(M)} \\ \tilde{\alpha}_t^{(1)} & \cdots & \tilde{\alpha}_t^{(M)} \end{pmatrix} \rightarrow \begin{pmatrix} x_{t/t}^{(1)} & \cdots & x_{t/t}^{(M)} \\ \dfrac{1}{M} & \cdots & \dfrac{1}{M} \end{pmatrix}$$

となる．

図 8.3 には PF の概念図を示している．上段には各時点における粒子の確率，下段にはアンサンブルの状態を示し，これらが変化する様子がわかるようにした．また図中の矢印は変化をもたらす要因を表している．リサンプリングは小さい尤度（確率）の粒子を × 印で示すように消滅させ，大きな尤度をもつ粒子を増殖させてその個数を増やすことを目的としている．こうして新しく求まったアンサンブル $X_{t/t} = \left[x_{t/t}^{(1)}, \cdots, x_{t/t}^{(M)}\right]$ を事後確率密度関数 $p(x_t \mid Y^t)$ から

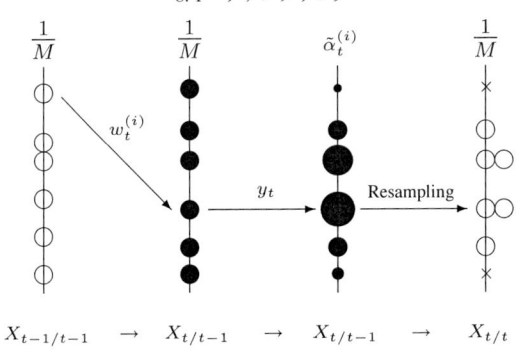

図 **8.3** 粒子フィルタの概念図 (粒子数 $M = 6$)[17]

独立にサンプルされた実現値と考えることにする[*1].リサンプリングの手順を図 8.4 に示す.

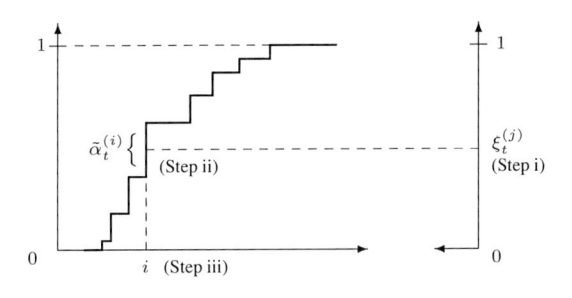

図 **8.4** リサンプリングの方法[78]

リサンプリングの方法

各 $j = 1, \cdots, M$ について,以下のステップ (i) 〜 (iii) を繰り返す.
(i) 一様乱数 $\xi_t^{(j)} \in (0, 1)$ を生成する.
(ii) つぎの条件を満足する番号 i を見つける.

$$\sum_{k=1}^{i-1} \tilde{\alpha}_t^{(k)} < \xi_t^{(j)} \leq \sum_{k=1}^{i} \tilde{\alpha}_t^{(k)}$$

[*1] 復元抽出であるから,厳密には独立なサンプルではない[36].

(iii) 新しい粒子を $x_{t/t}^{(j)} := x_{t/t-1}^{(i)}$ とおく．

このアルゴリズムの目的は確率 $\tilde{\alpha}_t^{(i)}$ をもつ粒子 $x_{t/t-1}^{(i)}$ で近似されている分布を重みの等しい経験分布の形に表現し直すことであるので，ステップ (i) では必ずしもランダムサンプリングをする必要はない．実際，ステップ (i) は以下のように $\xi_t^{(j)}$ を等間隔に並べる方法で置き換えることができる[8]．

(i-a) $\xi_t^{(j)} = (j-c)/M$, $j = 1, \cdots, M$ とおく．ただし，$c \in (0,1)$ は一様乱数である．

すなわち，図 8.4 の (Step i) の所にある $\xi_t^{(j)}$ が縦に等間隔に並ぶということである．このとき，一様乱数 $c \in (0,1)$ は1個だけ必要になるが，実際にはこの値も確定的で $c = 1/2$ としてもよい．ステップ (i) の一様乱数 $\xi_t^{(j)}$ に偏りが生ずると，リサンプリングの結果に偏りが生ずるので，むしろ (i-a) のようにする方がよい結果が得られるということが指摘されている[7,8]．表 8.1 の MATLAB プログラムを参照されたい．効率の良いものではないが，確かに上述のリサンプリングを実行する．

表 8.1 リサンプリング

```
% Program for resampling
% xpartep(i):=x_{t/t-1}^{(i)}; xpartef(i):=x_{t/t}^{(i)}
% alpha(i):=ã_t^{(i)} (normalized likelihood)
for j=1:M
xj=(j-0.5)/M; % for deterministic resampling
% xj = rand; % for random resampling
sum_alpha=0;
    for i=1:M
    sum_alpha=sum_alpha+alpha(i);
        if sum_alpha >= xj
            xpartef(j)=xpartep(i); break;
        end
    end
end
```

8.5　PF アルゴリズムのまとめ

粒子フィルタ PF のアルゴリズムをまとめておく．推定誤差共分散行列や事後確率分布の計算は省略しているので，必要に応じて追加する必要がある．

定理 8.1. （PF アルゴリズム）
1) 事前分布 $p(x_0)$ に従って初期アンサンブル $X_{0/-1} = [x_{0/-1}^{(1)}, \cdots, x_{0/-1}^{(M)}]$ を生成して，$t = 0$ とおく．
2) 観測更新ステップ　**Input:** $[X_{t/t-1}, y_t]$ → **Output:** $[X_{t/t}]$
   a) 尤度の計算 [式 (8.15)]

$$\alpha_t^{(i)} = p(y_t \mid x_t = x_{t/t-1}^{(i)}), \qquad i = 1, \cdots, M$$

   式 (8.16) により $\tilde{\alpha}_t^{(i)}, i = 1, \cdots, M$ を計算する．
   b) リサンプリングにより濾波アンサンブル行列を計算

$$X_{t/t} = \left[x_{t/t}^{(1)}, x_{t/t}^{(2)}, \cdots, x_{t/t}^{(M)} \right] \tag{8.20}$$

   c) 濾波推定値

$$\hat{x}_{t/t} = \frac{1}{M} \sum_{i=1}^{M} x_{t/t}^{(i)}$$

3) 時間更新ステップ　**Input:** $[X_{t/t}]$ → **Output:** $[X_{t+1/t}]$
   a) システム雑音のサンプルを生成

$$w_t^{(i)} \sim p(w_t), \qquad i = 1, \cdots, M$$

   b) 予測アンサンブル行列

$$x_{t+1/t}^{(i)} = f_t(x_{t/t}^{(i)}, w_t^{(i)}), \qquad i = 1, \cdots, M \tag{8.21}$$

$$X_{t+1/t} = \left[x_{t+1/t}^{(1)}, x_{t+1/t}^{(2)}, \cdots, x_{t+1/t}^{(M)} \right]$$

4) $t \leftarrow t+1$ として，ステップ 2) へ戻る．　　□

上述のリサンプリングに基づくアルゴリズムにおいて，もしシステム雑音が存在しない場合には式 (8.21) から生成される粒子 $x_{t+1/t}^{(i)}$ の種類（多様性）が徐々に減少して，ついにはすべての粒子が状態空間の 1 つの点に集中してしまうという現象が生ずる可能性がある．とくに，システムが未知パラメータ θ を含む場合，恒等式 $\theta_{t+1} = \theta_t$ をシステム方程式に追加すると，θ の新しいサンプルを生成することができない状況になる．このような場合には，すでに第 5 章でも述べたように小さな分散 $\sigma_\varepsilon^2(t)$ をもつ仮想的な白色雑音 ε_t を導入して，

$$\theta_{t+1} = \theta_t + \varepsilon_t \tag{8.22}$$

をシステム方程式に追加することが行われる．ここで，分散を $\sigma_\varepsilon^2(t) \sim 1/t$ のように時間とともに減少させることも効果がある．

このような仮想的なシステム雑音を追加することができない場合の対策としては，リサンプリングによって得られた粒子に小さな摂動を加えて粒子の多様性を確保する方法がある．この方法は一般に正則化（regularization）と呼ばれている．初期の簡単なものとしては，摂動としてガウス分布からのサンプル $\eta_t^{(i)} \sim N(0, J)$ を式 (8.20) の $x_{t/t}^{(i)}$ に加えて，

$$x_{t/t}^{(i)} := x_{t/t}^{(i)} + \eta_t^{(i)}, \qquad i = 1, \cdots, M$$

をこの場合の濾波アンサンブルとする方法が Gordon 他[45] によって提案されている．この他にも，離散分布 $(\alpha_t^{(1)}, \cdots, \alpha_t^{(M)})$ をカーネル関数を用いて連続分布によって近似して，この連続分布に基づいてリサンプリングを行う方法などが提案されている[39]．

8.6 ガウシアン粒子フィルタ: GPF

ガウシアン粒子フィルタ GPF はリサンプリングを必要としない粒子フィルタ PF である．ガウシアンフィルタ GF[53] において必要となる数値積分をモンテカルロ法で置き換えたものが GPF であり，第 7 章で述べたアンサンブルカルマンフィルタ EnKF と PF の間に位置するものと考えられる．

1 段予測確率密度関数を $p(x_t \mid Y^{t-1}) = N(x_t \mid \hat{x}_{t/t-1}, P_{t/t-1})$ のようにガ

ウス分布で近似して,事後確率密度関数 $p(x_t \mid Y^t)$ に対する重点サンプリング関数(付録 A.3 参照)を

$$\pi(x_t \mid Y^t) = p(x_t \mid Y^{t-1}) \tag{8.23}$$

とする.$\pi(x_t \mid Y^t)$ には別の取り方もあるが[§67],これが簡単でわかり易く,また定理 8.1 の PF との対応がよい.

さて,$g(\cdot)$ を任意の関数とするとき,式 (8.23) の仮定と式 (8.14) から

$$\begin{aligned} E\{g(x_t) \mid Y^t\} &= \int g(x_t) p(x_t \mid Y^t) dx_t \\ &= \frac{1}{C_t} \int g(x_t) \frac{p(y_t \mid x_t) p(x_t \mid Y^{t-1})}{\pi(x_t \mid Y^t)} \pi(x_t \mid Y^t) dx_t \\ &= \frac{1}{C_t} \int g(x_t) p(y_t \mid x_t) \pi(x_t \mid Y^t) dx_t \end{aligned} \tag{8.24}$$

を得る.ただし,$C_t = \int p(y_t \mid x_t) \pi(x_t \mid Y^t) dx_t$ は正規化のための定数である.

ここで,重点サンプリング関数 $\pi(x_t \mid Y^t) = p(x_t \mid Y^{t-1})$ からの M 個の独立なサンプルである 1 段予測アンサンブルを

$$X_{t/t-1} = \left[x_{t/t-1}^{(1)}, x_{t/t-1}^{(2)}, \cdots, x_{t/t-1}^{(M)} \right]$$

とおくと,

$$\pi(x_t \mid Y^t) \simeq \frac{1}{M} \sum_{i=1}^{M} \delta(x_t - x_{t/t-1}^{(i)})$$

を得る.式 (8.15) と同様に,観測値 y_t が与えられたときの $x_t = x_{t/t-1}^{(i)}$ の尤度を $\alpha_t^{(i)} = p(y_t \mid x_t = x_{t/t-1}^{(i)}), i = 1, \cdots, M$ とおくと,式 (8.24) から

$$\begin{aligned} E\{g(x_t) \mid Y^t\} &\simeq \frac{1}{C_t} \int g(x_t) p(y_t \mid x_t) \frac{1}{M} \sum_{i=1}^{M} \delta(x_t - x_{t/t-1}^{(i)}) dx_t \\ &= \frac{1}{C_t} \frac{1}{M} \sum_{i=1}^{M} g(x_{t/t-1}^{(i)}) \alpha_t^{(i)} \\ &= \frac{\sum_{i=1}^{M} g(x_{t/t-1}^{(i)}) \alpha_t^{(i)}}{\sum_{i=1}^{M} \alpha_t^{(i)}} \end{aligned}$$

となる.ただし,$C_t = \frac{1}{M}\sum_{i=1}^{M} \alpha_t^{(i)}$ である.さらに,$\alpha_t^{(i)}$ を正規化して,

$$\tilde{\alpha}_t^{(i)} = \frac{\alpha_t^{(i)}}{\sum_{i=1}^{M} \alpha_t^{(i)}}, \qquad i = 1, \cdots, M \tag{8.25}$$

とおくと,

$$E\{g(x_t) \mid Y^t\} \simeq \sum_{i=1}^{M} g(x_{t/t-1}^{(i)}) \tilde{\alpha}_t^{(i)}$$

が成立する.ここで,$g(x_t) = x_t$ および $g(x_t) = [x_t - \hat{x}_{t/t}][x_t - \hat{x}_{t/t}]^{\mathrm{T}}$ とおくことにより,GPF の観測更新アルゴリズムを得る.なお,GPF の時間更新アルゴリズムは PF の場合と同じである.

以下に,ガウシアン粒子フィルタ GPF のアルゴリズムをまとめる.

定理 8.2.(GPF アルゴリズム)

1) 事前確率密度関数 $p(x_0) = N(x_0 \mid \bar{x}_0, P_0)$ に従って初期アンサンブル $X_{0/-1} = [x_{0/-1}^{(1)}, \cdots, x_{0/-1}^{(M)}]$ を生成して,$t = 0$ とおく.

2) 観測更新ステップ **Input:** $[X_{t/t-1}, y_t]$ → **Output:** $[X_{t/t}]$

   a) 観測値 y_t と予測アンサンブル $X_{t/t-1}$ から尤度

   $$\alpha_t^{(i)} = p(y_t \mid x_t = x_{t/t-1}^{(i)}), \qquad i = 1, \cdots, M$$

   を求め,式 (8.25) によって $\tilde{\alpha}_t^{(i)}, i = 1, \cdots, M$ を計算する.

   b) 濾波推定値

   $$\hat{x}_{t/t} = \sum_{i=1}^{M} \tilde{\alpha}_t^{(i)} x_{t/t-1}^{(i)}$$

   c) 濾波推定誤差共分散行列

   $$P_{t/t} = \sum_{i=1}^{M} \tilde{\alpha}_t^{(i)} [x_{t/t-1}^{(i)} - \hat{x}_{t/t}][x_{t/t-1}^{(i)} - \hat{x}_{t/t}]^{\mathrm{T}}$$

   d) 濾波アンサンブル $X_{t/t} = [x_{t/t}^{(1)}, \cdots, x_{t/t}^{(M)}]$ を生成する.

   $$x_{t/t}^{(i)} = \hat{x}_{t/t} + \sqrt{P_{t/t}}\, \zeta_i, \qquad i = 1, \cdots, M$$

   ただし,$\zeta_i \in \mathbb{R}^n$ は $N(0, I_n)$ に従う白色雑音ベクトルである.

3) 時間更新ステップ　**Input:** $[X_{t/t}] \to$ **Output:** $[X_{t+1/t}]$
   a) システム雑音のサンプル $w_t^{(i)} \sim p(w_t), i = 1, \cdots, M$ を生成する.
   b) 予測アンサンブル

$$x_{t+1/t}^{(i)} = f_t(x_{t/t}^{(i)}, w_t^{(i)}), \qquad i = 1, \cdots, M$$

を求めて，予測アンサンブル行列を定義する.

$$X_{t+1/t} = \left[x_{t+1/t}^{(1)}, x_{t+1/t}^{(2)}, \cdots, x_{t+1/t}^{(M)} \right]$$

4) $t \leftarrow t + 1$ として，ステップ 2) へ戻る.　　　　　□

このアルゴリズムでは，ステップ 2-d) において平方根行列 $\sqrt{P_{t/t}}$ を計算するとき，6.1 節の UKF の所で述べたように SVD を用いた直交平方根行列を用いている.

8.7　数　値　例

8.7.1　1 次元非線形時変モデル

多くの文献で取り上げられてきたつぎの非線形時変モデルのフィルタリング問題を考えよう[8,27,45,65].

$$x_{t+1} = \frac{1}{2}x_t + \frac{25x_t}{1 + (x_t)^2} + 8\cos(1.2t) + w_t \tag{8.26a}$$

$$y_t = \frac{(x_t)^2}{20} + v_t, \qquad t = 0, 1, \cdots \tag{8.26b}$$

まず初期状態および雑音を $x_0 = 0$, $w_t \sim N(0,1)$, $v_t \sim N(0,1)$ として生成した 1 つの見本過程 $(x_t, y_t), t = 0, 1, \cdots, 200$ を図 8.5 に示す．左側の状態 x_t の波形は図 3.3 の AR モデルから生成されるものとは非常に違った挙動をしている．また右側の出力 y_t は式 (8.26b) からも当然であるが，ほとんどプラスの値をとる上下非対称な波形となっている.

図 8.6 は粒子数を $M = 100$ とした場合の PF による推定結果を EKF による推定結果と同時に示している．ただし，フィルタの初期値は $\hat{x}_{0/-1} = 0$,

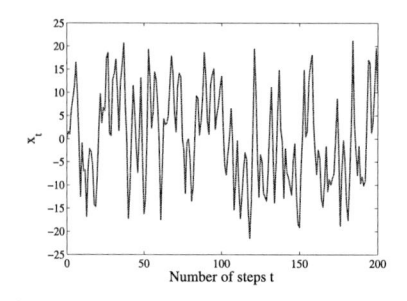

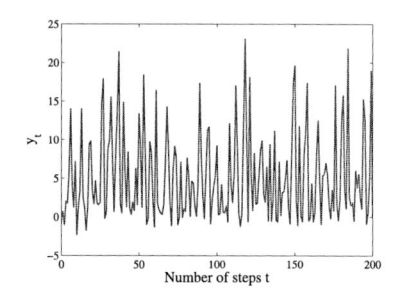

図 8.5　状態 x_t および出力 y_t の見本過程

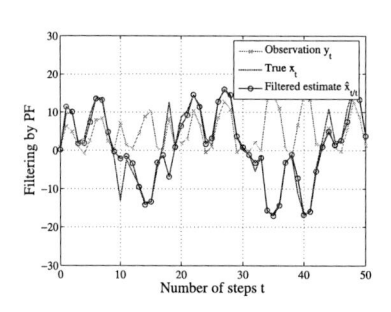

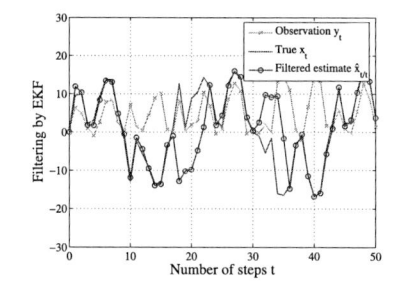

図 8.6　濾波推定値. PF（左），EKF（右）

$P_{0/-1} = 2$ とし，観測値，推定値および真の状態の時間変化を見やすくするために時点 $t = 0, 1, \cdots, 50$ のみの波形を示している．

図 8.7 は状態推定誤差の絶対値 $E_t = |x_t - \hat{x}_{t/t}|$ の時間変化を示している．大

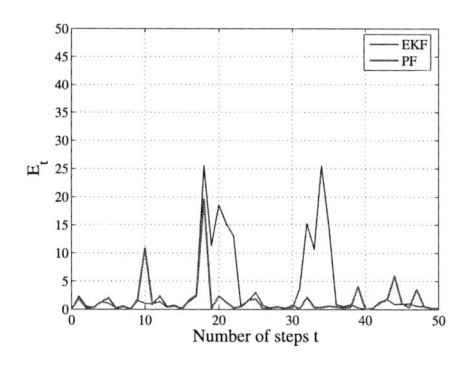

図 8.7　推定誤差 $E_t = |x_t - \hat{x}_{t/t}|$

きな推定誤差の後は小さな推定誤差となるが，しばらくするとまた大きな推定誤差となるのはこの非線形時変モデルの特徴である．図 8.7 から PF の方が優れていることが予想される．データ $(x_t, y_t), t = 0, 1, \cdots, 1000$ を固定して，5 種類の非線形フィルタによって計算した推定誤差 E_t の時間平均値 $\bar{E} = \frac{1}{N}\sum_{t=1}^{1000} E_t$ と計算時間（アルゴリズムの実行のみ）は表 8.2 のようになった．

この結果は，非線形でかつ非ガウス性の強いシステムの状態推定アルゴリズムとして，PF や GPF の方が EKF，UKF，EnKF より推定精度において優れていることを示している．粒子数 M にもよるが，計算時間（sec）に関しては EnKF が最も負荷が大きくなり，EKF が最も小さい[*1)]．

表 8.2 非線形フィルタの性能比較

	EKF	UKF	EnKF	PF	GPF
$\bar{E}$	4.2465	3.7852	2.5594	1.4283	1.5394
Time	0.0160	0.2350	0.8440	0.2190	0.1400

8.7.2 トラッキング問題

図 8.8 に示す 2 次元平面 (x, y) 上を動く対象（ターゲット）を追跡する問題を考える．時刻 t におけるターゲット P の位置および速度をそれぞれ (x_t, y_t)

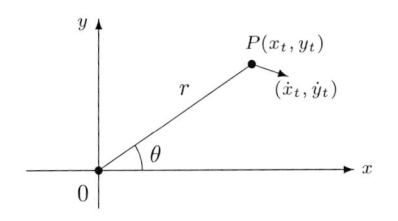

図 8.8 トラッキング問題

および $(\dot{x}_t, \dot{y}_t)$ として，4 次元状態ベクトル $\boldsymbol{x}_t = [x_t\ \dot{x}_t\ y_t\ \dot{y}_t]^{\mathrm{T}}$ を定義すると，システムモデルは

[*1)] 大規模システムの場合は文献[40,87]などを参照されたい．

$$\boldsymbol{x}_{t+1} = \begin{bmatrix} 1 & \Delta & 0 & 0 \\ 0 & 1 & 0 & 0 \\ 0 & 0 & 1 & \Delta \\ 0 & 0 & 0 & 1 \end{bmatrix} \boldsymbol{x}_t + \begin{bmatrix} \frac{\sqrt{\Delta}^3}{2} & 0 \\ \sqrt{\Delta} & 0 \\ 0 & \frac{\sqrt{\Delta}^3}{2} \\ 0 & \sqrt{\Delta} \end{bmatrix} w_t \tag{8.27}$$

となる[25,78]．ここに，Δ はサンプル間隔，$w_t \in \mathbb{R}^2$ は $N(0,Q)$ に従う白色雑音である．ターゲット P はシステム雑音がなければ直線的に運動するが，雑音の影響でかなりその軌道を変化させる．

またレーダは原点 O にあり，ターゲット P までの距離 r と x 軸との角度 θ に関する情報が得られるとする．このとき，観測モデルは

$$z_t = \begin{bmatrix} \sqrt{x_t^2 + y_t^2} \\ \tan^{-1}\left(\dfrac{y_t}{x_t}\right) \end{bmatrix} + v_t \tag{8.28}$$

となる．ただし，$v_t \in \mathbb{R}^2$ は $N(0,R)$ に従う白色雑音である．

シミュレーションの時間を $T=50$，サンプリング間隔を $\Delta = 0.5$，雑音の共分散行列を

$$Q = \begin{bmatrix} 1000 & 0 \\ 0 & 100 \end{bmatrix}, \quad R = \begin{bmatrix} 1000 & 0 \\ 0 & 0.001 \end{bmatrix}$$

とする．式 (8.27) の初期値は $x_0 = [3000\ 100\ 1000\ -50]^\mathrm{T}$ と固定し，PF，GPF の初期アンサンブルは分布 $N(x_0, P_0)$，$P_0 = \mathrm{diag}[1000\ 100\ 1000\ 100]$ からランダムにサンプルして生成した．ただし，PF，GPF の粒子数は $M=200$ とした．他方 EKF，UKF の初期値は $\hat{x}_{0/-1} = x_0$，$P_{0/-1} = P_0$，また UKF のパラメータは $\lambda_h = 1$ と仮定した．フィルタのトラッキング性能はターゲット P の位置の濾波推定誤差

$$\bar{E} = \frac{1}{N} \sum_{t=1}^{N} \sqrt{(x_t - \hat{x}_{t/t})^2 + (y_t - \hat{y}_{t/t})^2} \tag{8.29}$$

の 100 回のサンプル平均によって評価する．

図 8.9 は PF と EKF によるトラッキングの 1 例を示す．ターゲット P は北西

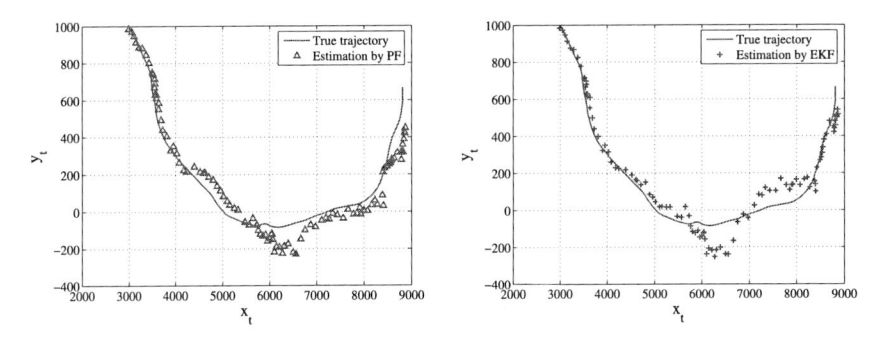

図 8.9 トラッキング（左）PF（$\bar{E} = 80.0730$），（右）EKF（$\bar{E} = 68.6947$）

の点 (3000, 1000) から出発して東南東方向に動き，最後は北の方向に向きを変えた所で終わっている．ただし，横軸が 1/4 程度に圧縮されていて，縦横のスケールがかなり異なっていることに注意されたい．図 8.9 は同じ観測データに対して，EKF の方がわずかによい推定結果を与えた場合の軌道の例である．

表 8.3 非線形フィルタの性能比較（$M = 200$）

	PF	GPF	EKF	UKF
Mean	78.7212	63.3806	66.8832	66.8789
Min	27.7938	28.3658	31.1015	31.0589
Max	175.9490	151.2911	136.4397	136.4653
Time	56.0472	58.0472	0.6100	1.5870

つぎに，式 (8.29) の 100 個のサンプル $\bar{E}_1, \cdots, \bar{E}_{100}$ を生成し，その平均値（Mean），最小値（Min），最大値（Max）と計算時間（Time）を表 8.3 に示す．平均値は GPF が最も優れた性能を示したが，$\bar{E}$ のばらつきや計算時間を考えると，PF, GFP よりも解析的なフィルタである EKF, UKF の方が優れていると言える．

この例からもわかるように，PF, GPF は非常に多数の擬似乱数を用いるため，計算結果がかなりばらつくので，常に EKF や UKF と合わせてシミュレーションを行い，相互に比較をする必要がある．

8.8 ノ ー ト

- 8.1 節は非線形確率システムに対する仮定を述べ，8.2 節では条件つき確率密度関数の推移に関する命題を再掲した．8.3 節は PF の基本的な考え方を述べた．8.4 節では北川[8] に基づいてリサンプリングについて説明し，8.5 節にアルゴリズムをまとめた．8.6 節では，Kotecha-Djurić[67] によるリサンプリングを含まないガウシアン粒子フィルタ GPF を簡単に解説した．

- 8.7 節では 2 つの数値例を与え，非線形・非ガウス過程の推定には PF や GPF の方が EKF，UKF，EnKF よりも効果的であることを示した．2 つ目の例は文献[25] の例を少し変更したものである．

- Ito-Xiong[53] のガウシアンフィルタ GF は EKF や EqKF における期待値の計算を数値積分によって行うものである．これに対して，GPF は GF で必要となる数値積分をモンテカルロ法によって実行するもので，EnKF と PF の中間に位置するフィルタと考えられる．

- PF，GPF はカルマンゲインを使用しない方法であり，観測更新ステップにおいて解析的に計算されるカルマンゲインを用いる EKF，あるいは数値的に計算されるカルマンゲインを用いる UKF や EnKF とは基本的に異なった方法である．

- 非線形フィルタリングにモンテカルロ法を用いるという初期のアイデアは Handschin-Mayne[49]，明石・熊本[1]，Akashi-Kumamoto[20] に見られる．しかし私見では，1970 年代は Sorenson-Alspach[21,86] らのガウス和フィルタ GSF の方が注目されていたように思う．

- 1990 年代に入り，近代的な粒子フィルタが北川[7,8,65]，Gordon 他[45] らによって発表された．さらに，Doucet[38]，Ristic 他[78]，樋口[17]，中野他[16] など非常に多くの論文が発表され，Doucet 他[39] には，PF の理論と応用に関する 20 編以上の論文が採録されている．粒子スムーザについては述べていないが，Kitagawa[7,65] を参照されたい．PF による推定値の収束性に関しては Crisan-Doucet[36]，および Hu 他[52] がある．GPF については，文献 Kotecha-Djurić[67,68] や Wu 他[96] を参照されたい．

A

確率に関する基礎事項

本書で必要になる確率変数の期待値と条件つき期待値[5,18]，および重点サンプリング[10] について，基礎事項をごく簡単にまとめておく．

A.1 連続確率変数

任意の $c \in \mathbb{R}$ に対して，$P(X = c) = 0$ となるような確率変数 X を連続確率変数という．この場合，関数 $p(x) \geq 0, -\infty < x < \infty$ が存在して，事象 $\{a \leq X \leq b\}$ の確率は

$$P(a \leq X \leq b) = \int_a^b p(x)dx$$

と表すことができる．ここで，$p(x)$ を X の確率密度関数という．本書で重要な働きをするガウス確率密度関数は次式で与えられる．

$$p(x) = \frac{1}{\sqrt{2\pi\sigma^2}} e^{-\frac{1}{2\sigma^2}(x-\mu)^2}, \quad -\infty < x < \infty$$

ここに，μ は平均値，σ^2 は分散であり，ガウス確率分布を $N(\mu, \sigma^2)$ と表す．

連続確率変数 X の期待値は積分

$$E\{X\} = \int_{-\infty}^{\infty} x p(x) dx$$

で定義される．また X の分散は次式で与えられる．

$$\text{var}(X) = E\{(x-\mu)^2\} = \int_{-\infty}^{\infty} (x-\mu)^2 p(x) dx$$

X, Y を連続確率変数，その結合確率密度関数を $p(x, y), -\infty < x, y < \infty$ とする．このとき，X と Y の共分散関数は

$$\mathrm{cov}(X,Y) = E\{(x - E\{X\})(y - E\{Y\})\}$$
$$= \int_{-\infty}^{\infty}\int_{-\infty}^{\infty} (x - E\{X\})(y - E\{Y\})p(x,y)dxdy$$

で与えられる．結合確率密度関数 $p(x,y)$ の周辺確率密度関数 $p(x), p(y)$ は

$$p(x) = \int_{-\infty}^{\infty} p(x,y)dy, \qquad p(y) = \int_{-\infty}^{\infty} p(x,y)dx$$

となる．また $Y = y$ が与えられたときの X の条件つき確率密度関数を

$$p(x \mid y) = \frac{p(x,y)}{p(y)} = \frac{p(x,y)}{\int_{-\infty}^{\infty} p(x,y)dx}$$

と定義する．上式の両辺を x について積分すると 1 となることから，$p(x \mid y)$ は確かに確率密度関数である．

結合確率密度関数が $p(x,y) = p(x)p(y)$ のように X と Y それぞれの確率密度関数の積に分解できるとき，X と Y は独立であるという．このとき，$p(x \mid y) = p(x)$ となるので，条件つき確率密度関数は「条件」には依存しない．

A.2 条件つき期待値

$Y = y$ という条件の下で，事象 $\{a \leq X \leq b\}$ の条件つき確率は

$$P(a \leq X \leq b \mid Y = y) = \int_{a}^{b} p(x \mid y)dx$$

によって計算できる．同様に，$Y = y$ という条件の下で X の期待値は

$$E\{X \mid Y = y\} = \int_{-\infty}^{\infty} xp(x \mid y)dx$$

となる．上式に $p(y)$ を掛けて両辺を y で積分すると，

$$\int_{-\infty}^{\infty} E\{X \mid Y = y\}p(y)dy = \int_{-\infty}^{\infty} \left(\int_{-\infty}^{\infty} xp(x \mid y)dx\right)p(y)dy$$
$$= \int_{-\infty}^{\infty} x\left(\int_{-\infty}^{\infty} p(x,y)dy\right)dx = E\{X\}$$

を得る．ここで，$Y = y$ のとき $E\{X \mid y\}$ という値をとる確率変数を $E\{X \mid Y\}$ と定義すると，上式左辺は $E\{E\{X \mid Y\}\}$ となるので，

$$E\{E\{X \mid Y\}\} = E\{X\}$$

が成立する．以下に，条件つき期待値に関して本書で用いる公式をまとめておく．X, Y, Z は確率変数，$g(Y)$ は Y の（可測）関数である．

命題 A.1.（条件つき期待値の性質）
1) $E\{E\{X \mid Y\}\} = E\{X\}$
2) X と Y が独立であれば，$E\{X \mid Y\} = E\{X\}$
3) $E\{E\{X \mid Y, Z\} \mid Z\} = E\{X \mid Z\}$
4) $E\{Xg(Y) \mid Y\} = E\{X \mid Y\}g(Y)$

証明 2) $p(x \mid y) = p(x)$ となることから，
$$E\{X \mid Y\} = \int xp(x \mid y)dx = \int xp(x)dx = E\{X\}$$
が成立する．3) の証明は 1) の証明とほぼ同様である．
$$E\{E\{X \mid Y, Z\} \mid Z = z\} = \int \left(\int xp(x \mid y, z)dx\right)p(y \mid z)dy$$
$$= \int x\left(\int p(x, y \mid z)dy\right)dx$$
$$= \int xp(x \mid z)dx = E\{X \mid z\}$$
また，4) は条件つき期待値の定義から
$$E\{Xg(Y) \mid Y = y\} = \int xg(y)p(x \mid y)dx = \left(\int xp(x \mid y)dx\right)g(y)$$
$$= E\{X \mid Y = y\}g(y)$$
が成立するので，明らかである． □

非線形フィルタリングの論文やモノグラフを読むには，命題 A.1 が自由に使用できることが要求される．

A.3 重点サンプリング

重点サンプリングについてごく簡単に述べる．確率変数 X の確率密度関数を $p(x)$ とする．このとき，積分
$$I = E\{g(X)\} = \int g(x)p(x)dx$$

を数値的に評価する問題を考える．$x_1,\cdots,x_M$ を分布 $p(x)$ からの M 個の独立なサンプルとすると，上記の積分の推定値は次式で与えられる．

$$\hat{I} = \frac{1}{M}\sum_{i=1}^{M} g(x_i)$$

つぎに $p(x)$ とは異なる確率密度関数 $\pi(x)$ を考える．ただし，$\pi(x)=0$ であれば $p(x)=0$ であると仮定する．積分の変数変換によって，

$$I = \int g(x)p(x)dx = \int g(x)\frac{p(x)}{\pi(x)}\pi(x)dx = E_\pi\left\{g(x)\frac{p(x)}{\pi(x)}\right\}$$

を得る．ただし，E_π は確率密度関数 π による期待値を表す．ここで，分布 $\pi(x)$ からの M 個の独立なサンプルを $x_1^*,\cdots,x_M^*$ として，

$$w_i = \frac{p(x_i^*)}{\pi(x_i^*)}, \qquad i=1,\cdots,M$$

とおく．このとき，積分は近似的に

$$\hat{I}_\pi = \frac{1}{M}\sum_{i=1}^{M} g(x_i^*)w_i$$

で与えられる．上の $\pi(x)$ を重点サンプリングの密度関数という．

大数の法則から，$M\to\infty$ のとき $\hat{I}$, $\hat{I}_\pi$ はともに期待値 I に収束する．したがって，もし $\hat{I}_\pi$ の分散の方が $\hat{I}$ の分散より小さければ，重点サンプリングによる方が良い推定値を与えることになる．

B

演習問題の略解

第 2 章

2.1 (a) 不偏であるとは，$E\{\hat{\theta}\} = \theta$ が成立することである．$\hat{\theta}$ の期待値は

$$E\{k_1 y_1 + k_2 y_2\} = E\{(k_1 + k_2)\theta + k_1 v_1 + k_2 v_2\} = (k_1 + k_2)\theta = \theta$$

となる．θ の任意性から $k_1 + k_2 = 1$ を得る．

(b) 推定誤差 $e = \theta - \hat{\theta}$ の 2 乗平均値は

$$E\{e^2\} = E\{(\theta - k_1 y_1 - k_2 y_2)^2\} = E\{[\theta - (k_1 + k_2)\theta - k_1 v_1 - k_2 v_2]^2\}$$
$$= E\{(k_1 v_1 + k_2 v_2)^2\} = k_1^2 \sigma_1^2 + k_2^2 \sigma_2^2 = k_1^2 \sigma_1^2 + (1 - k_1)^2 \sigma_2^2$$

となる．上式を k_1 で微分して 0 とおくと，$2k_1 \sigma_1^2 + 2(k_1 - 1)\sigma_2^2 = 0$ から

$$k_1 = \frac{\sigma_2^2}{\sigma_1^2 + \sigma_2^2}, \qquad k_2 = \frac{\sigma_1^2}{\sigma_1^2 + \sigma_2^2} \quad \rightarrow \quad E\{e^2\} = \frac{\sigma_1^2 \sigma_2^2}{\sigma_1^2 + \sigma_2^2}$$

を得る．式 (2.6), (2.7) と比較せよ．

2.2 式 (2.2) のモデル $y = x + v$ から，$\bar{y} = \bar{x}$ および

$$\Sigma_{xy} = E\{(x - \bar{x})(x + v - \bar{x})\} = E\{(x - \bar{x})^2\} + E\{(x - \bar{x})v\} = \sigma_a^2$$
$$\Sigma_{yy} = E\{(y - \bar{y})^2\} = E\{(x - \bar{x} + v)^2\} = \sigma_a^2 + \sigma_v^2$$

を得る．よって，命題 2.7 から

$$\hat{x} = \bar{x} + \frac{\sigma_a^2}{\sigma_a^2 + \sigma_v^2}(y - \bar{x}) = \frac{\sigma_v^2}{\sigma_a^2 + \sigma_v^2}\bar{x} + \frac{\sigma_a^2}{\sigma_a^2 + \sigma_v^2}y$$

となる．これは式 (2.7) の m と等しい．

2.3 (a) $p(y \mid x) = N(y \mid x, 1)$ であるから，

$$p(y \mid x = 1) = \frac{1}{\sqrt{2\pi}} e^{-(y-1)^2/2}, \qquad p(y \mid x = -1) = \frac{1}{\sqrt{2\pi}} e^{-(y+1)^2/2}$$

を得る.

(b) ベイズの定理から事後確率は

$$P(x = 1 \mid y) = \frac{p(y \mid x = 1) \times 0.5}{p(y \mid x = 1) \times 0.5 + p(y \mid x = -1) \times 0.5}$$
$$= \frac{e^{-(y-1)^2/2}}{e^{-(y-1)^2/2} + e^{-(y+1)^2/2}} = \frac{e^y}{e^y + e^{-y}}$$

および

$$P(x = -1 \mid y) = \frac{e^{-y}}{e^y + e^{-y}}$$

となる.よって,x の最小分散推定値

$$\hat{x} = E\{x \mid y\} = 1 \cdot P(x = 1 \mid y) + (-1) \cdot P(x = -1 \mid y)$$
$$= \frac{e^y - e^{-y}}{e^y + e^{-y}} = \tanh(y)$$

を得る.

(c) 事後確率 $p(1) = P(x = 1 \mid y)$ と $p(-1) = P(x = -1 \mid y)$ を比較すると,(i) $y > 0 \to p(1) > p(-1)$,(ii) $y < 0 \to p(1) < p(-1)$ を得る.MAP 推定値の定義から,$y > 0$ のとき $\hat{x}_\text{MAP} = 1$ ($y < 0$ のとき $\hat{x}_\text{MAP} = -1$) となる.x は 2 値のみの値をとる確率変数であるから,MAP 推定値の方が望ましい.

2.4 式 (2.39) の条件つき確率密度関数 $p(x \mid y)$ の対数をとると

$$\log p(x \mid y) = C - \frac{1}{2}(x - \alpha)^\text{T} \Pi^{-1}(x - \alpha)$$

を得る.ただし C は定数である.上式を x について 2 階微分すると,

$$-\frac{\partial^2 \log p(x \mid y)}{\partial x^2} = \Pi^{-1}$$

となるので,$J = \Pi^{-1}$ を得る.

2.5 右辺を展開すると左辺に等しくなる.

2.6 (a) 前問 2.5 の両辺の行列式を計算すると直ちに結果を得る.

(b) ブロック三角行列の逆行列に関して,

$$\begin{bmatrix} I & BD^{-1} \\ 0 & I \end{bmatrix}^{-1} = \begin{bmatrix} I & -BD^{-1} \\ 0 & I \end{bmatrix}, \quad \begin{bmatrix} I & 0 \\ D^{-1}C & I \end{bmatrix}^{-1} = \begin{bmatrix} I & 0 \\ -D^{-1}C & I \end{bmatrix}$$

が成立するので，演習問題 2.5 の公式の逆行列を計算すればよい．
(c) については，(b) の等式から

$$\Pi^{-1} = A^{-1} + A^{-1}B\Delta^{-1}CA^{-1}, \qquad \Delta = D - CA^{-1}B$$

が成立する．$D \to -D$ とおくと，直ちに結果を得る．

2.7 $\lambda > 0$ とし，以下の積分は既知とする．

$$\int_{-\infty}^{\infty} e^{-x^2/2\lambda}dx = \sqrt{2\pi\lambda}, \qquad \int_{-\infty}^{\infty} x^2 e^{-x^2/2\lambda}dx = \lambda\sqrt{2\pi\lambda} \qquad \text{(B1)}$$

1) 式 (2.37) の証明．$\Pi > 0$ であるから，直交行列 $U \in \mathbb{R}^{n \times n}$，および対角行列 $\Lambda = \mathrm{diag}(\lambda_1, \cdots, \lambda_n)$ が存在して，$\Pi = U^\mathrm{T}\Lambda U$ となる．$x = U^\mathrm{T}y$ とおくと，

$$dx_1 \cdots dx_n = \frac{\partial(x_1, \cdots, x_n)}{\partial(y_1, \cdots, y_n)}dy_1 \cdots dy_n, \quad \left|\frac{\partial(x_1, \cdots, x_n)}{\partial(y_1, \cdots, y_n)}\right| = |U^\mathrm{T}| = 1$$

となる．よって，$dx_1 \cdots dx_n = dy_1 \cdots dy_n$ となるので，

$$I_1 = \int \cdots \int e^{-\frac{1}{2}x^\mathrm{T}\Pi^{-1}x}dx_1 \cdots dx_n = \int \cdots \int e^{-\frac{1}{2}y^\mathrm{T}\Lambda^{-1}y}dy_1 \cdots dy_n$$

$$= \int \cdots \int e^{-\frac{1}{2}(y_1^2/\lambda_1 + \cdots + y_n^2/\lambda_n)}dy_1 \cdots dy_n$$

$$= \int e^{-\frac{1}{2}y_1^2/\lambda_1}dy_1 \int e^{-\frac{1}{2}y_2^2/\lambda_2}dy_2 \cdots \int e^{-\frac{1}{2}y_n^2/\lambda_n}dy_n$$

を得る．ここで，式 (B1) を用いると，

$$I_1 = \prod_{i=1}^{n}\sqrt{2\pi\lambda_i} = \sqrt{(2\pi)^n}\sqrt{\lambda_1 \cdots \lambda_n} = \sqrt{(2\pi)^n}\sqrt{|\Lambda|} = \sqrt{(2\pi)^n}\sqrt{|\Pi|}$$

が成立する．2) 式 (2.42) の証明．上と同じ変換 $u = U^\mathrm{T}y$ を用いると，

$$I_2 = \int \cdots \int uu^\mathrm{T} e^{-\frac{1}{2}u^\mathrm{T}\Pi^{-1}u}du_1 \cdots du_n$$

$$= \int \cdots \int U^\mathrm{T}yy^\mathrm{T}U e^{-\frac{1}{2}y^\mathrm{T}\Lambda^{-1}y}dy_1 \cdots dy_n$$

$$= U^\mathrm{T}\left(\int \cdots \int yy^\mathrm{T} e^{-\frac{1}{2}(y_1^2/\lambda_1 + \cdots + y_n^2/\lambda_n)}dy_1 \cdots dy_n\right)U$$

を得る．I_2 は $n \times n$ 行列であるから，要素ごとに計算する．まず上式カッコ内の $(1,1)$ 要素は

$$(1,1)\,\text{要素} = \int \cdots \int y_1^2 e^{-\frac{1}{2}(y_1^2/\lambda_1 + \cdots + y_n^2/\lambda_n)}dy_1 \cdots dy_n$$

$$= \int y_1^2 e^{-\frac{1}{2}y_1^2/\lambda_1}dy_1 \int e^{-\frac{1}{2}y_2^2/\lambda_2}dy_2 \cdots \int e^{-\frac{1}{2}y_n^2/\lambda_n}dy_n$$

となる．ここで，式 (B1) を用いると，

$$(1,1) \text{ 要素} = \lambda_1\sqrt{2\pi\lambda_1}\cdots\sqrt{2\pi\lambda_n} = \lambda_1\sqrt{(2\pi)^n|\Lambda|}$$

を得る．同様にして，(i,i) 要素 $= \lambda_i\sqrt{(2\pi)^n|\Lambda|}$ を得る．また，例えば

$$(1,2) \text{ 要素} = \int\cdots\int y_1 y_2 e^{-\frac{1}{2}(y_1^2/\lambda_1+\cdots+y_n^2/\lambda_n)}dy_1\cdots dy_n$$
$$= \int y_1 e^{-\frac{1}{2}y_1^2/\lambda_1}dy_1 \int y_2 e^{-\frac{1}{2}y_2^2/\lambda_2}dy_2 \cdots \int e^{-\frac{1}{2}y_n^2/\lambda_n}dy_n = 0$$

となるので，$i \neq j$ のとき，(i,j) 要素 は 0 となる．よって，I_2 右辺のカッコ内は Λ となる．以上から，$I_2 = U^{\mathrm{T}}\Lambda U = \Pi$ が成立する．

第 3 章

3.1 x_t の成分を $x_t^{(1)}$, $x_t^{(2)}$ とおく．$y_t = x_t^{(2)} + w_t$ であるから次式を得る．

$$x_{t+1}^{(1)} = -a_2 x_t^{(2)} + c_2 w_t - a_2 w_t = -a_2 y_t + c_2 w_t$$
$$x_{t+1}^{(2)} = x_t^{(1)} - a_1 x_t^{(2)} + c_1 w_t - a_1 w_t = x_t^{(1)} - a_1 y_t + c_1 w_t$$

第 1 式から $x_t^{(1)} = -a_2 y_{t-1} + c_2 w_{t-1}$ となるので，これを第 2 式に代入すると，

$$x_{t+1}^{(2)} = -a_2 y_{t-1} + c_2 w_{t-1} - a_1 x_t^{(2)} + c_1 w_t - a_1 w_t$$

を得る．$y_t = x_t^{(2)} + w_t$ を用いて，$x_{t+1}^{(2)}$ と $x_t^{(2)}$ を消去すると

$$y_{t+1} = w_{t+1} - a_1 y_t - a_2 y_{t-1} + c_1 w_t + c_2 w_{t-1}$$

となるので，$t \to t-1$ と置き換えると結果の ARMA(2,2) モデルを得る．

3.2 x_t の定義から直ちに出力方程式 $y_t = [c_3\ c_2\ c_1]x_t + w_t$ を得る．また

$$x_{t+1} = \begin{bmatrix} x_{t+1}^{(1)} \\ x_{t+1}^{(2)} \\ x_{t+1}^{(3)} \end{bmatrix} = \begin{bmatrix} w_{t-2} \\ w_{t-1} \\ w_t \end{bmatrix} = \begin{bmatrix} x_t^{(2)} \\ x_t^{(3)} \\ w_t \end{bmatrix} = \begin{bmatrix} x_t^{(2)} \\ x_t^{(3)} \\ 0 \end{bmatrix} + \begin{bmatrix} 0 \\ 0 \\ w_t \end{bmatrix}$$

となるので，つぎの状態空間モデルを得る．

$$x_{t+1} = \begin{bmatrix} 0 & 1 & 0 \\ 0 & 0 & 1 \\ 0 & 0 & 0 \end{bmatrix} x_t + \begin{bmatrix} 0 \\ 0 \\ 1 \end{bmatrix} w_t, \qquad y_t = [c_3\ c_2\ c_1]x_t + w_t$$

3.3 (a) $F = 1/\sqrt{2}$, $G = 1$, $H = 1$, $Q = 1$, $R = 1$, $\Sigma_0 = 1$, $\bar{x}_0 = 0$ であるから,

$$\hat{x}_{t+1/t} = \frac{1}{\sqrt{2}}\hat{x}_{t/t}, \quad \hat{x}_{t/t} = \hat{x}_{t/t-1} + K_t[y_t - \hat{x}_{t/t-1}], \quad \hat{x}_{0/-1} = 0$$

$$P_{t+1/t} = \frac{1}{2}P_{t/t} + 1, \quad P_{t/t} = P_{t/t-1} - P_{t/t-1}^2/(P_{t/t-1} + 1), \quad P_{0/-1} = 1$$

$$K_t = P_{t/t-1}/(P_{t/t-1} + 1)$$

を得る.

(b) $P_{t/t}$ を消去すると,

$$P_{t+1/t} = \frac{1}{2}\left(P_{t/t-1} - \frac{P_{t/t-1}^2}{P_{t/t-1} + 1}\right) + 1 = \frac{3P_{t/t-1} + 2}{2P_{t/t-1} + 2}, \qquad P_{0/-1} = 1$$

となる. よって, $P_{0/-1} = 1$, $P_{1/0} = 5/4$, $P_{2/1} = 23/18$, $P_{3/2} = 105/82$ および $K_0 = 1/2$, $K_1 = 5/9$, $K_2 = 23/41$, $K_3 = 105/187$ を得る.

(c) $P_\infty = (\sqrt{17} + 1)/4$, $K_\infty = (\sqrt{17} + 1)/(\sqrt{17} + 5)$.

3.4 省略.

3.5 (a) $x_t = F_{t-1}\cdots F_1 F_0 x_0 = \Phi(t,0)x_0$ であるから,

$$y_0 = H_0 x_0 + v_0$$
$$y_1 = H_1 x_1 + v_1 = H_1 \Phi(1,0)x_0 + v_1$$
$$\vdots$$
$$y_{N-1} = H_{N-1} x_{N-1} + v_{N-1} = H_{N-1}\Phi(N-1,0)x_0 + v_{N-1}$$

を得る. ただし, $\Phi(0,0) = I_n$ である. よって,

$$\mathcal{O}_N = \begin{bmatrix} H_0 \\ H_1\Phi(1,0) \\ \vdots \\ H_{N-1}\Phi(N-1,0) \end{bmatrix} = \begin{bmatrix} H_0 \\ H_1 F_0 \\ \vdots \\ H_{N-1} F_{N-2}\cdots F_0 \end{bmatrix} \in \mathbb{R}^{pN \times n} \tag{B2}$$

とおくと, $y = \mathcal{O}_N \theta + v$ を得る.

なお例 5.1 では, つぎの表現を用いている.

$$\mathcal{O}_N(t) = \begin{bmatrix} H_t \\ H_{t+1} F_t \\ \vdots \\ H_{t+N-1} F_{t+N-2}\cdots F_t \end{bmatrix} \in \mathbb{R}^{pN \times n} \tag{B3}$$

(b) v の共分散行列は $\Sigma_{vv} = \text{diag}(R_t, R_t, \cdots, R_t)$ であるので，θ に関する y の条件つき確率密度関数は $p(y \mid \theta) \sim N(\mathcal{O}_N \theta, \Sigma_{vv})$ となる．よって，対数尤度関数は

$$\log p(y \mid \theta) = -\frac{pN}{2}\log(2\pi) - \frac{1}{2}\log\det \Sigma_{vv} - \frac{1}{2}(y - \mathcal{O}_N \theta)^\mathrm{T} \Sigma_{vv}^{-1}(y - \mathcal{O}_N \theta)$$

となる．

(c) 上式を θ について偏微分して 0 とおくと，

$$\frac{\partial}{\partial \theta}\log p(y \mid \theta) = \mathcal{O}_N^\mathrm{T} \Sigma_{vv}^{-1}(y - \mathcal{O}_N \theta) = 0$$

が成立する．これから，θ の最尤推定値

$$\hat{\theta}_{\mathrm{ML}} = (\mathcal{O}_N^\mathrm{T} \Sigma_{vv}^{-1} \mathcal{O}_N)^{-1} \mathcal{O}_N^\mathrm{T} \Sigma_{vv}^{-1} y$$

を得る．逆行列が存在するための条件はつぎの（可観測）グラミアンが正定値となることである．

$$\mathcal{O}_N^\mathrm{T} \Sigma_{vv}^{-1} \mathcal{O}_N = \sum_{t=0}^{N-1} \Phi^\mathrm{T}(t,0) H_t^\mathrm{T} R_t^{-1} H_t \Phi(t,0) > 0$$

$R_t > 0$ であるから，この条件は $\text{rank}(\mathcal{O}_N) = n$ となることと同値である．

(d) $F_t = F$, $H_t = H$ とすると，式 (B2) から

$$\mathcal{O}_N = \begin{bmatrix} H \\ HF \\ \vdots \\ HF^{N-1} \end{bmatrix} \in \mathbb{R}^{pN \times n} \tag{B4}$$

を得る．よって，この場合の可観測条件は $\text{rank}\,\mathcal{O}_N = n$ となるが，ケーリー・ハミルトンの定理から $F^n, F^{n+1}, \cdots, F^{N-1}$ は $F^i, i = 1, \cdots, n-1$ の線形結合で表すことができるので，結局 $\text{rank}(\mathcal{O}_n) = n$ を得る．ただし，$\mathcal{O}_n = \mathcal{O}_N(1:np,:) \in \mathbb{R}^{pn \times n}$ である．

文　　献

1) 明石　一，熊本博光: 分散減少法を導入したモンテカルロ法による離散時間非線形フィルタの構成，システムと制御, Vol. 19, No. 4, pp. 211–221, 1975.
2) 有本　卓: カルマン・フィルター，産業図書，1977.
3) 魚崎勝司: 非線形フィルタリングの新しい展開, システム/制御/情報, Vol. 53, No. 5, pp. 166–171, 2009.
4) 大住　晃: 確率システム入門, 朝倉書店, 2002.
5) 小倉久直: 確率過程入門, 森北出版, 1998.
6) 片山　徹: 新版 応用カルマンフィルタ, 朝倉書店, 2000.
7) 北川源四郎: モンテカルロ・フィルタおよび平滑化について，統計数理, Vol. 44, No. 1, pp. 31–48, 1996.
8) 北川源四郎: 時系列解析入門, 岩波書店, 2005.
9) 國田　寛: 確率過程の推定, 産業図書, 1976.
10) 小西貞則，越智義道，大森裕浩: 計算統計学の方法 − ブートストラップ，EM アルゴリズム，MCMC −, 朝倉書店，2008.
11) 椹木義一，片山　徹: 非線形制御系の状態変数の推定について，制御工学, Vol. 11, No. 7, pp. 361–368, 1967.
12) 杉江俊治，益田哲也: 量子化出力を用いた粒子フィルタによる状態推定, システム制御情報学会論文誌, Vol. 24, No. 1, pp. 16–22, 2011.
13) 杉本末雄: GNSS 測位の原理と測位アルゴリズム，システム/制御/情報, Vol. 51, No. 6, pp. 248–254, 2007.
14) 竹野倫彰, 片山　徹: Unscented Kalman Filter を用いた力学系の状態およびパラメータ推定, システム制御情報学会論文誌, Vol. 24, No. 9, pp. 231–239, 2011.
15) 中村和幸, 上野玄太, 樋口知之: データ同化 − その概念と計算アルゴリズム，統計数理, Vol. 53, No. 2, pp. 211–229, 2005.
16) 中野慎也，上野玄太，中村和幸，樋口知之: Merging Particle Filter とその特性, 統計数理, Vol. 56, No. 2, pp. 225–234, 2008.
17) 樋口知之: 粒子フィルタ, 電子情報通信学会誌, Vol. 88, No. 12, pp. 989–994, 2005.
18) 舟木直久: 確率論, 朝倉書店, 2004.
19) 山北昌毅: UKF（Unscented Kalman Filter）って何 ?, システム/制御/情報, Vol. 50, No. 7, pp. 261–266, 2006.
20) H. Akashi and H. Kumamoto: Random sampling approach to state estimation in switching environments, *Automatica*, Vol. 13, No. 4, pp. 429–434, 1977.
21) D. L. Alspach and H. W. Sorenson: Nonlinear Bayesian estimation using Gaussian sum approximation, *IEEE Trans. Automat. Control*, Vol. 17, No. 4, pp. 439–447, 1972.
22) J. L. Anderson: Ensemble Kalman filters for large geographical applications, *IEEE Control Systems Magazine*, Vol. 29, No. 3, pp. 66–82, 2009.
23) T. W. Anderson: *An Introduction to Multivariable Statistical Analysis* (2nd ed.), John Wiley, 1984.
24) B. D. O. Anderson and J. B. Moore: *Optimal Filtering*, Prentice-Hall, 1979.

25) I. Arasaratnam, S. Haykin and R. J. Elliott: Discrete-time nonlinear filtering algorithms using Gauss-Hermite quadrature, *Proc. IEEE*, Vol. 95, No. 5, pp. 953–977, 2007.
26) I. Arasaratnam and S. Haykin: Cubature Kalman filters, *IEEE Trans. Automat. Control*, Vol. 54, No. 6, pp. 1254–1269, 2009.
27) M. S. Arulampalam, S. Maskell, N. Gordon and T. Clapp: A tutorial on particle filters for on-line nonlinear/non-Gaussian Bayesian tracking, *IEEE Trans. Signal Processing*, Vol. 50, No. 2, pp. 174–188, 2002.
28) R. W. Bass: Some reminiscences of control and system theory in the period 1955–1960: Introduction of Dr. Rudolf E. Kalman, *Real Time* (The Univ. of Alabama in Huntsville), Spring/Summer 2002, pp. 2–6. [Online] www.ece.uah.edu/PDFs/news/TR-sprsum2002.pdf.
29) F. W. Bell and B. M. Cathy: The iterated Kalman filter update as a Gauss-Newton method, *IEEE Trans. Automat. Control*, Vol. 38, No. 2, pp. 294–297, 1993.
30) R. Bucy and K. Senne: Digital synthesis of nonlinear filters, *Automatica*, Vol. 7, No. 3, pp. 287–298, 1971.
31) A. E. Bryson and Y. C. Ho: *Applied Optimal Control* (2nd ed.), Hemisphere, 1975.
32) J. Chandrasekar, I. S. Kim, D. S. Bernstein and A. J. Ridley: Reduced-rank unscented Kalman filtering using Cholesky-based decomposition, *Proc. 2008 American Control Conference*, Seattle, June 2008, pp. 1274–1279.
33) J. M. C. Clark, P. A. Kountouriotis and R. B. Vinter: A Gaussian mixture filter for range only tracking, *IEEE Trans. Automat. Control*, Vol. 56, No. 3, pp. 602–613, 2011.
34) H. Cox: On the estimation of state variables and parameters for noisy dynamic systems, *IEEE Trans. Automat. Control*, Vol. 9, No. 1, pp. 5–12, 1964.
35) H. Cramér: *Mathematical Methods of Statistics*, Princeton Univ. Press, 1946.
36) D. Crisan and A. Doucet: A survey of convergence results on particle filtering methods for practitioners, *IEEE Trans. Signal Processing*, Vol. 50, No. 3, pp. 736–746, 2002.
37) F. E. Daum: Nonlinear filters: Beyond the Kalman filter, *IEEE Trans. Aerospace & Electronics Magazine*, Vol. 20, No. 8, Part 2: Tutorials, pp. 57–69, 2005.
38) A. Doucet: On sequential simulation-based methods for Bayesian filtering, Technical Report CUED/F-INFENG/TR.310, Cambridge University, 1998.
39) A. Doucet, N. de Freitas and N. Gordon (eds.): *Sequential Monte Carlo Methods in Practice*, Springer, 2001.
40) G. Evensen: *Data Assimilation: The Ensemble Kalman Filter* (2nd ed.), Springer-Verlag, 2009.
41) G. Evensen: The ensemble Kalman filter for combined state and parameter estimation, *IEEE Control Systems Magazine*, Vol. 29, No. 3, pp. 83–104, 2009.
42) A. Gelb (ed.): *Applied Optimal Estimation*, MIT Press, 1974.
43) S. Gillijns, O. B. Mendoza, J. Chandrasekar, D. De Moor, D. S. Bernstein and A. Ridley: What is the ensemble Kalman filter and how well does it work?, *Proc. 2006 American Control Conference*, Minnesota, June 2006, pp. 4448–4452.
44) T. I. Fossen and T. Perez: Kalman filtering for positioning and heading control of ships and offshore rigs, *IEEE Control Systems Magazine*, Vol. 29, No. 6, pp. 32–46, 2009.
45) N. J. Gordon, D. J. Salmond and A. F. M. Smith: Novel approach to non-linear/non-Gaussian Bayesian state estimation, *IEE Proceedings - F*, Vol. 140, No. 2, pp. 107–113, 1993.

46) M. S. Grewal and A. P. Andrews: *Kalman Filtering: Theory and Practice Using MATLAB* (3rd ed.), John Wiley, 2008.
47) M. S. Grewal and A. P. Andrews: Application of Kalman filtering in aerospace 1960 to the present, *IEEE Control Systems Magazine*, Vol. 30, No. 3, pp. 69–78, 2010.
48) J. D. Hamilton: *Time Series Analysis*, Princeton Univ. Press, 1994
49) J. E. Handschin and D. Q. Mayne: Monte Carlo techniques to estimate the conditional expectation in multi-stage non-linear filtering, *Int. J. Control*, Vol. 9, No. 5, pp. 547–559, 1969.
50) A. Harvey and S. J. Koopman: Unobserved components models in economics and finance, *IEEE Control Systems Magazine*, Vol. 29, No. 6, pp. 71–81, 2009.
51) R. Henriksen: The truncated second-order nonlinear filter revisited, *IEEE Trans. Automat. Control*, Vol. 27, No. 1, pp. 247–251, 1982.
52) X. L. Hu, T. B. Schön and L. Ljung: A basic convergence result for particle filtering, *IEEE Trans. Signal Processing*, Vol. 56, No. 4, pp. 1337–1348, 2008.
53) K. Ito and K. Xiong: Gaussian filters for nonlinear filtering problems, *IEEE Trans. Automat. Control*, Vol. 45, No. 5, pp. 910–927, 2000.
54) A. H. Jazwinski: *Stochastic Processes and Filtering Theory*, Academic Press, 1970.
55) S. J. Julier and J. K. Uhlmann: A new extension of the Kalman filter to nonlinear systems, *Proc. SPIE, Signal Processing, Sensor Fusion, and Target Recognition IV*, pp. 182–193, 1997.
56) S. J. Julier and J. K. Uhlmann: Unscented filtering and nonlinear estimation, *Proc. IEEE*, Vol. 92, No. 3, pp. 401–422, 2004 [Corrections, Vol. 92, No. 12, p. 1958, 2004].
57) S. J. Julier, J. K. Uhlmann and H. F. Durrant-Whyte: A new approach for filtering nonlinear system, *Proc. 1995 American Control Conference*, Washington, DC., pp. 1628–1632, 1995.
58) S. J. Julier, J. K. Uhlmann and H. F. Durrant-Whyte: A new method for the nonlinear transformation of means and covariances in filters and estimators, *IEEE Trans. Automat. Control*, Vol. 45, No. 3, pp. 477–482, 2000.
59) T. Kailath: An innovation approach to least-squares estimation, Part I: Linear filtering in additive white noise, *IEEE Trans. Automat. Control*, Vol. 13, No. 6, pp. 646–655, 1968.
60) R. E. Kalman: On the general theory of control systems, *Proc. 1st IFAC World Congress*, Moscow, 1960, pp. 481–492.
61) R. E. Kalman: A new approach to linear filtering and prediction problems, *Trans. ASME, J. Basic Eng.*, Vol. 82D, No. 1, pp. 34–45, 1960.
62) R. E. Kalman and R. S. Bucy: New results in linear filtering and prediction theory, *Trans. ASME, J. Basic Eng.*, Vol. 83D, No.1, pp. 95–108, 1961.
63) I. S. Kim, B. O. S. Teixeira and D. S. Bernstein: Ensemble-on-demand Kalman filter for large-scale systems with time-sparse measurements, *Proc. 47th IEEE Conference on Decision and Control*, Cancun, Mexico, pp. 3199–3204, December 2008.
64) G. Kitagawa: Non-Gaussian state-space modeling of non-stationary time series, *J. American Statistical Association*, Vol. 82, No. 400, pp. 1032–1063, 1987.
65) G. Kitagawa: Monte Carlo filter and smoother for non-Gaussian, non-linear state space models, *J. Computational and Graphical Statistics*, Vol. 5, pp. 1–25, 1996.
66) G. Kitagawa: A self-organizing state space model, *J. American Statistical Association*, Vol. 93, No. 443, pp. 1203–1215, 1998.

67) J. H. Kotecha and P. M. Djurić: Gaussian particle filtering, *IEEE Trans. Signal Processing*, Vol. 51, No. 10, pp. 2592–2601, 2003.
68) J. H. Kotecha and P. M. Djurić: Gaussian sum particle filtering, *IEEE Trans. Signal Processing*, Vol. 51, No. 10, pp. 2602–2612, 2003.
69) S. Kramer and H. W. Sorenson: Recursive Bayesian estimation using piece-wise constant approximation, *Automatica*, Vol. 24, No. 6, pp. 789–801, 1988.
70) S. Lakshmivarahan and D. J. Stensrud: Ensemble Kalman filter – Application to meteorological data assimilation, *IEEE Control Systems Magazine*, Vol. 29, No. 3, pp. 34–46, 2009.
71) T. Lefebvre, H. Bruyninckx and J. De Schutter: Comment on "A new method for the nonlinear transformation of means and covariances in filters and estimators", *IEEE Trans. Automat. Control*, Vol. 47, No. 8, pp. 1406–1408, 2002.
72) T. Lefebvre, H. Bruyninckx and J. De Schutter: Kalman filters for non-linear systems: a comparison of performance, *Int. J. Control*, Vol. 77, No. 7, pp. 639–653, 2004.
73) L. Ljung: Asymptotic behavior of the extended Kalman filter as a parameter estimator for linear systems, *IEEE Trans. Automat. Control*, Vol. 24, No. 1, pp. 36–50, 1979.
74) L. A. McGee and S. F. Schmidt: Discovery of the Kalman filter as a practical tool for aerospace and industry, NASA Technical Memorandum No. 86847, November 1985.
75) M. Nørgaad, N. K. Poulsen and O. Ravn: New developments in state estimation for nonlinear systems, *Automatica*, Vol. 36, No. 11, pp. 1627–1638, 2000.
76) H. E. Rauch, F. Tung and C. T. Striebel: Maximum likelihood estimates of linear dynamical systems, *AIAA Journal*, Vol. 3, No. 8, pp. 1445–1450, 1965.
77) K. Reif, S. Günther, E. Yaz and R. Unbehauen: Stochastic stability of the discrete-time extended Kalman filter, *IEEE Automat. Control*, Vol. 44, No. 4, pp. 714–728, 1999.
78) B. Ristic, S. Arulampalam and N. Gordon: *Beyond the Kalman Filter – Particle Filters for Tracking Applications*, Artech House, 2004.
79) S. Särkkä: On unscented Kalman filtering for state estimation of continuous-time nonlinear systems, *IEEE Trans. Automat. Control*, Vol. 52, No. 9, pp. 1631–1641, 2007.
80) S. Särkkä: Unscented Rauch-Tung-Striebel smoother, *IEEE Trans. Automat. Control*, Vol. 53, No. 3, pp. 845–848, 2008.
81) T. S. Schei: A finite-difference method for linearization in nonlinear estimation algorithms, *Automatica*, Vol. 33, No. 11, pp. 2053–2058, 1997.
82) M. Šimandl, J. Kravovec and P. Tichavský: Filtering, predictive and smoothing Cramér-Rao bounds for discrete-time nonlinear dynamic systems, *Automatica*, Vol. 37, No. 11, pp. 1703–1716, 2001.
83) M. Šimandl, J. Kravovec and T. Söderström: Advanced point-mass method for nonlinear state estimation, *Automatica*, Vol. 42, No. 7, pp. 1133–1145, 2006.
84) M. Šimandl and J. Duník: Derivative-free estimation methods: New results and performance analysis, *Automatica*, Vol. 45, No. 7, pp. 1749–1757, 2009.
85) Y. Song and J. W. Grizzle: The extended Kalman filter as a local asymptotic observer for discrete-time nonlinear systems, *J. Mathematical Systems, Estimation, and Control*, Vol. 1, No. 1, pp. 59–78, 1995.
86) H. W. Sorenson and D. L. Alspach: Recursive Bayesian estimation using Gaussian sums,

Automatica, Vol. 7, No. 2, pp. 465–479, 1971.
87) Special Issue: Data Assimilation for Weather Forecasting, *IEEE Control Systems Magazine*, Vol. 29, No. 3, pp. 34–104, 2009.
88) G. Strang, *Introduction to Linear Algebra* (3rd ed.), Wellesley-Cambridge Press, 2003.
89) S. Sugimoto, Y. Kubo and M. Tanikawara: A review and applications of the nonlinear filters to GNSS/INS integrated algorithms, *Proc. Institute of Navigation GNSS 2009*, Savannah, GA, 2009, pp. 3101–3113.
90) Y. Sunahara: An approximate method of state estimation for nonlinear dynamical systems, *Trans. ASME, J. Basic Eng.*, Vol. 92D, No. 2, pp. 385–393, 1970.
91) H. Tanizaki: *Nonlinear Filters – Estimation and Applications*, Lecture Notes in Economics and Mathematical Systems, No. 400, Springer, 1993.
92) P. Tichavský, C. H. Muravchik and A. Nehorai: Posterior Cramér–Rao bounds for discrete-time nonlinear filtering, *IEEE Trans. Signal Processing*, Vol. 46, No. 5, pp. 1386–1396, 1998.
93) H. Tong: *Non-Linear Time Series – A Dynamical System Approach*, Springer-Verlag, 1990.
94) H. L. Van Trees: *Detection, Estimation, and Modulation Theory* – Part I, Wiley, 1968 (Paper Back, 2001).
95) Y. Wu, X. Hu, D. Hu and M. Wu: Comments on "Gaussian particle filtering," *IEEE Trans. Signal Processing*, Vol. 53, No. 8, pp. 3350–3351, 2005.
96) Y. Wu, D. Hu, M. Wu and X. Hu: A numerical-integration perspective on Gaussian filters, *IEEE Trans. Signal Processing*, Vol. 54, No. 8, pp. 2910–2921, 2006.
97) K. Xiong, H. Y. Zhang and C. W. Chan: Performance evaluation of UKF-based nonlinear filtering, *Automatica*, Vol. 42, No. 2, pp. 261–270, 2006.

索　引

【欧　文】

AR モデル　36, 37

EKF（Extended Kalman Filter）　3, 82, 86
EnKF（Ensemble Kalman Filter）　3, 121, 127
EnKF アルゴリズム　122, 127
EqKF（Equivalently Linearized Kalman Filter）
　　3, 94, 95, 98

GF（Gaussian Filter）　3, 98, 102, 160
GPF（Gaussian Particle Filter）　5, 152
GPF アルゴリズム　154
GSF（Gaussian Sum Filter）　3, 4

IEKF（Iterated Extended Kalman Filter）　3, 91, 93

LQG の仮定　1

MAP 推定値　14, 83

PF（Particle Filter）　3, 5, 141, 151
PF アルゴリズム　151
PMF（Point Mass Filter）　3, 4

σ 点　108
　　——の選択　105
SVD　107, 116

UKF アルゴリズム　110, 114

——観測更新ステップ　111
——時間更新ステップ　113
Unscented カルマンフィルタ（UKF）　4, 103
Unscented 変換　103
UT 法　104, 105, 109

Van der Pol モデル　134

Wiener-Hopf 方程式　7

【あ　行】

アンサンブル　122, 142
　　——行列　122
アンサンブルカルマンフィルタ（EnKF）　3, 121, 127
　　——の概念的なブロック線図　127
　　——の観測更新ステップ　123
　　——の時間更新ステップ　126

1 次元熱伝導モデル　136
1 次元非線形時変モデル　155
1 次フィルタ　3
1 段予測推定値　42, 43, 44, 48, 63, 87, 93, 98, 115, 116, 126
一様誤差　12, 13
一般線形回帰モデル　24
イノベーション過程　44, 45
イノベーションモデル　37, 45

ウィナーモデル　117

索　引

【か　行】

ガウシアンフィルタ（GF）　3, 98, 102, 160
ガウシアン粒子フィルタ（GPF）　5, 152
ガウス分布　10, 21
ガウス和フィルタ（GSF）　3, 4
可観測　60, 89
可観測性　7, 88
拡張カルマンゲイン　87, 93
拡張カルマンフィルタ（EKF）　3, 82, 86
　——のアルゴリズム　87
　——の観測更新ステップ　83
　——の時間更新ステップ　85
カルマンゲイン　41, 44, 48, 128
カルマンスムーザ　49
　——のアルゴリズム　50
　——のブロック線図　50
カルマンフィルタ　1, 34, 40
　——雑音が相関をもつ場合　46, 49
　——のアルゴリズム　44
　——の観測更新ステップ　40
　——の時間更新ステップ　41
　——の導出方法　59
　——のブロック線図　44
　——の歴史　7
観測ヤコビアン　87, 93

逆行列補題　26, 33

クラメール・ラオ不等式　14, 15
繰り返し拡張カルマンフィルタ（IEKF）　3, 91, 93

経験分布　145, 147

固定区間カルマンスムーザ　50
　——のブロック線図　51
コレスキー分解　107

【さ　行】

最小 2 乗推定問題　30

最小分散推定　38
最小分散推定値　13, 21, 23
最尤推定値　14

事後確率密度関数　9, 10
　——の時間推移　39, 63, 142
事後クラメール・ラオ不等式　19, 66
2 乗誤差　12
2 乗誤差規範　1, 3
システム（S_i）　122
事前確率密度関数　9, 67, 77
質点フィルタ（PMF）　3, 4
重点サンプリング　153, 163
シュール補行列　20, 33, 64
条件つき確率密度関数　9, 38, 62
　——の時間推移　39, 62, 142
条件つき期待値　13, 38, 62, 99, 162
条件つきベイズリスク　12
状態空間モデル　34, 35
状態推定問題　38, 62, 82
状態遷移ヤコビアン　87, 93
情報行列　14, 61
　——の逐次計算法　66, 74
推定誤差共分散行列　20, 23

正則化　152
正則条件　15, 16
絶対誤差　12, 13
絶対誤差推定値　13
線形確率システム　34
　——に対する EnKF　129
　——の情報行列　71

損失関数　11, 12

【た　行】

多次元ガウス分布　21
単位ステップ関数　147

直交平方根行列　107, 155

データ同化　4, 140
デルタ関数　143, 146

等確率楕円体　107, 108
等価線形化　27
　——カルマンフィルタ（EqKF）　3, 94, 95, 97
特異値分解（SVD）　107, 155
トラッキング問題　157

【な　行】

2次フィルタ　3, 120
2次元ガウス分布　106

【は　行】

白色雑音　35, 36

非線形確率システム　81, 110, 121, 141
非線形カルマンフィルタの一般形　99
非線形時変モデル　155
非線形フィルタ　2
　——局所的方法　3
　——大域的方法　4
　——の分類　3
非線形フィルタリング　61
非線形要素　27, 94, 95, 103, 118

フィッシャー情報行列　15
ブートストラップフィルタ　5
部分ベイズ情報行列　20, 64
不偏推定値　13, 23

平滑推定値　55, 57
平滑問題　38, 49
ベイズ情報行列　16, 17, 63
ベイズ推定　9, 11, 38, 62
ベイズの定理　9, 39
ベイズリスク　11, 38, 62
平方根行列　105, 106, 155

【ま　行】

マルコフ過程　35, 62

モーメント　29
モンテカルロフィルタ　5
モンテカルロ法　70, 141

【や　行】

ヤコビアン　65, 69, 82, 83, 86

尤度　146, 153

予測アンサンブル　128, 155
予測アンサンブル行列　129, 151
予測誤差アンサンブル行列　124, 128
予測誤差共分散行列　44, 49, 87, 93, 116
予測問題　38

【ら　行】

ランダムウォーク　36, 55

リカッチ方程式　7, 45, 59
リサンプリング　5, 148
　——の MATLAB プログラム　150
粒子　6, 122, 142
粒子フィルタ（PF）　3, 5, 141, 151
　——の観測更新ステップ　145
　——の時間更新ステップ　143

連続確率変数　161

濾波アンサンブル行列　125, 128, 151
濾波推定誤差共分散行列　41, 44, 48, 87, 93, 98, 115, 154
濾波推定値　41, 43, 44, 48, 55, 57, 64, 87, 93, 98, 115, 128, 151, 154
濾波問題　38

著者略歴

片山　徹（かたやま　とおる）

1942 年　岡山県に生まれる
1964 年　京都大学工学部数理工学科卒業
1969 年　京都大学大学院工学研究科数理工学専攻博士課程修了
1984 年　愛媛大学工学部教授
1986 年　京都大学工学部教授
1998 年　京都大学大学院情報学研究科教授
2005 年　京都大学名誉教授
現　在　工学博士

主　著　『応用カルマンフィルタ』（朝倉書店，1983）
　　　　『フィードバック制御の基礎』（朝倉書店，1987）
　　　　『システム同定入門（システム制御情報ライブラリー 9）』（朝倉書店，1994）
　　　　『線形システムの最適制御－デスクリプタシステム入門』（近代科学社，1999）
　　　　『新版 応用カルマンフィルタ』（朝倉書店，2000）
　　　　『新版 フィードバック制御の基礎』（朝倉書店，2002）
　　　　『システム同定－部分空間法からのアプローチ』（朝倉書店，2004）
　　　　"Subspace Method for System Identification"（Springer，2005）
　　　　『確率入門（文化情報学ライブラリ）』（勉誠出版，2008）

非線形カルマンフィルタ　　　　　　　　　定価はカバーに表示

2011 年 11 月 25 日　初版第 1 刷
2022 年 5 月 25 日　　　第 7 刷

著　者　片　山　　　徹
発行者　朝　倉　誠　造
発行所　株式会社　朝　倉　書　店
　　　　東京都新宿区新小川町 6-29
　　　　郵便番号　162-8707
　　　　電　話　03（3260）0141
　　　　FAX　03（3260）0180
　　　　https://www.asakura.co.jp

〈検印省略〉

© 2011 〈無断複写・転載を禁ず〉　　　　　　　中央印刷・渡辺製本

ISBN 978-4-254-20148-2　C 3050　　　Printed in Japan

JCOPY <出版者著作権管理機構 委託出版物>

本書の無断複写は著作権法上での例外を除き禁じられています．複写される場合は，そのつど事前に，出版者著作権管理機構（電話 03-5244-5088，FAX 03-5244-5089，e-mail: info@jcopy.or.jp）の許諾を得てください．

好評の事典・辞典・ハンドブック

物理データ事典	日本物理学会 編　B5判 600頁
現代物理学ハンドブック	鈴木増雄ほか 訳　A5判 448頁
物理学大事典	鈴木増雄ほか 編　B5判 896頁
統計物理学ハンドブック	鈴木増雄ほか 訳　A5判 608頁
素粒子物理学ハンドブック	山田作衛ほか 編　A5判 688頁
超伝導ハンドブック	福山秀敏ほか編　A5判 328頁
化学測定の事典	梅澤喜夫 編　A5判 352頁
炭素の事典	伊与田正彦ほか 編　A5判 660頁
元素大百科事典	渡辺 正 監訳　B5判 712頁
ガラスの百科事典	作花済夫ほか 編　A5判 696頁
セラミックスの事典	山村 博ほか 監修　A5判 496頁
高分子分析ハンドブック	高分子分析研究懇談会 編　B5判 1268頁
エネルギーの事典	日本エネルギー学会 編　B5判 768頁
モータの事典	曽根 悟ほか 編　B5判 520頁
電子物性・材料の事典	森泉豊栄ほか 編　A5判 696頁
電子材料ハンドブック	木村忠正ほか 編　B5判 1012頁
計算力学ハンドブック	矢川元基ほか 編　B5判 680頁
コンクリート工学ハンドブック	小柳 洽ほか 編　B5判 1536頁
測量工学ハンドブック	村井俊治 編　B5判 544頁
建築設備ハンドブック	紀谷文樹ほか 編　B5判 948頁
建築大百科事典	長澤 泰ほか 編　B5判 720頁

価格・概要等は小社ホームページをご覧ください．